5 단계 초등 3학년 연산

KB214263

만점왕 연산을 선택한
친구들과 학부모님께!

연산은 수학을 공부하는 데 기본이 되는 **수학의 기초 학습**입니다.

어려운 사고력 문제를 풀 수 있는 학생도 정확하고 빠른 속도의 연산 실력이 부족하다면 높은 수학 점수를 받을 수 없습니다.

정해진 시간 안에 문제를 풀어야 하는 데 기초 연산 문제에서 시간을 다 소비하고 나면 정작 문제 해결을 위한 문제를 풀 시간이 없게 되기 때문입니다.

이처럼 연산은 매우 중요하지만 한 번에 길러지는 게 아니라 **꾸준히 학습해야** 합니다. 하지만 기계적인 연산을 반복하는 것은 사고의 폭을 제한할 수 있으므로 연산도 올바른 방법으로 학습해야 합니다.

처음 연산을 시작하는 학생에게는 연산의 정확성과 속도를 높이는 것이 중요하므로 수학의 개념과 원리를 바탕으로 한 충분한 훈련을 통해 연산 능력을 키워야 합니다.

만점왕 연산은 올바른 연산 공부를 위해 만들어진 책입니다.

만점왕 연산의 특징은 무엇인가요?

만점왕 연산은 수학 교과 내용 중 수와 연산, 규칙성 단원을 반영하여 학교 진도에 맞추어 연산 공부를 하기 좋게 만든 책으로 누구나 한 번쯤 해 봤을 연산 교재와는 차별화하여 매일 2쪽씩 부담없이 자기 학년 과정을 꾸준히 공부할 수 있는 연산 교재입니다.

만점왕 연산의 특징은 학교에서 배우는 수학 공부와 병행할 수 있도록 수학의 가장 기초가 되는 연산을 부담없이 매일 학습이 가능하도록 구성하였다는 점입니다.

만점왕 연산은 총 몇 단계로 구성되어 있나요?

취학 전 대상인 예비 초등학생을 위한 **예비 2단계**와 **초등 12단계**를 합하여 총 **14단계**로 구성되어 있습니다.

한 단계는 한 학기를 기준으로 구성하였기 때문에 초등 입학 전부터 시작하여 예비 초등 1, 2단계를 마친 다음에는 1학년부터 6학년까지 총 12학기 동안 꾸준히 학습할 수 있습니다.

단계	Pre ❶단계	Pre ❷단계	❶단계	❷단계	❸단계	❹단계	❺단계
단계	취학 전 (만 6세부터)	취학 전 (만 6세부터)	초등 1-1	초등 1-2	초등 2-1	초등 2-2	초등 3-1
분량	10차시	10차시	8차시	12차시	12차시	8차시	10차시

단계	❻단계	❼단계	❽단계	❾단계	❿단계	⓫단계	⓬단계
단계	초등 3-2	초등 4-1	초등 4-2	초등 5-1	초등 5-2	초등 6-1	초등 6-2
분량	10차시	10차시	10차시	10차시	10차시	10차시	10차시

5일차 학습을 하루에 다 풀어도 되나요?

연산은 한 번에 많이 푸는 것이 아니라 매일 꾸준히, 그리고 점차 난이도를 높여 가며 풀어야 실력이 향상됩니다.

만점왕 연산 교재로 **월요일부터 금요일까지 하루에 2쪽씩** 학기 중에 학교 수학 진도와 병행하여 푸는 것이 가장 좋습니다.

학습하기 전! **단원 도입**을 보면서 흥미를 가져요.

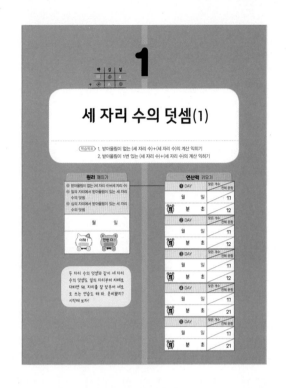

그림으로 이해

각 차시의 내용을 한눈에 이해할 수 있는 간단한 그림으로 표현하였어요.

학습 목표

각 차시별 구체적인 학습 목표를 제시하였어요.

학습 체크란

[원리 깨치기] 코너와 [연산력 키우기] 코너로 구분되어 있어요. 연산력 키우기는 날짜, 시간, 맞은 문항 개수를 매일 체크하여 학습 진행 과정을 스스로 관리할 수 있도록 하였어요.

친절한 설명글

차시에 대한 이해를 돕고 친구들에게 학습에 대한 의욕을 북돋는 글이에요.

원리 깨치기만 보면 계산 원리가 보여요.

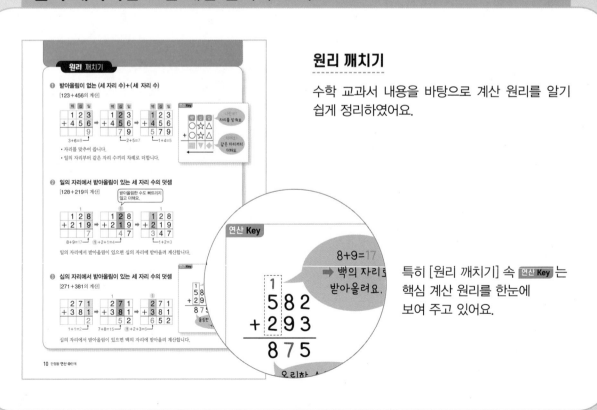

원리 깨치기

수학 교과서 내용을 바탕으로 계산 원리를 알기 쉽게 정리하였어요.

특히 [원리 깨치기] 속 연산 Key 는 핵심 계산 원리를 한눈에 보여 주고 있어요.

5DAY 연산력 키우기로 연산 능력을 쑥쑥 길러요.

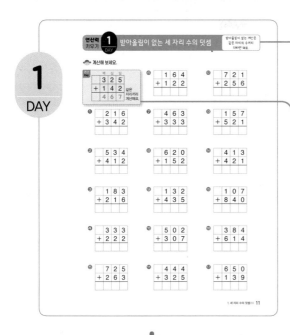

연산력 키우기 5 DAY 학습

● [연산력 키우기] 학습에 앞서 [원리 깨치기]를 반드시 학습하여 계산 원리를 충분히 이해해요.

● 각 DAY 1쪽에 있는 오른쪽 상단의 힌트를 읽으면 문제를 풀 때 도움이 돼요.

● 각 DAY 연산 문제를 풀기 전, 연산 Key 를 먼저 확인하고 계산 원리와 방법을 스스로 이해해요.

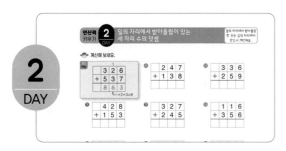

단계 학습 구성

차례

세 자리 수의 덧셈(1)

학습목표 1. 받아올림이 없는 (세 자리 수)+(세 자리 수)의 계산 익히기
2. 받아올림이 1번 있는 (세 자리 수)+(세 자리 수)의 계산 익히기

원리 깨치기

① 받아올림이 없는 (세 자리 수)+(세 자리 수)
② 일의 자리에서 받아올림이 있는 세 자리 수의 덧셈
③ 십의 자리에서 받아올림이 있는 세 자리 수의 덧셈

월	일

 이해! 한번 더!

두 자리 수의 덧셈과 같이 세 자리 수의 덧셈도 일의 자리부터 차례로 더하면 돼. 자리를 잘 맞추어 세로로 쓰는 연습도 해 봐. 준비됐지? 시작해 보자!

연산력 키우기

❶ DAY	맞은 개수 / 전체 문항
월 일	17
걸린시간 분 초	12

❷ DAY	맞은 개수 / 전체 문항
월 일	17
걸린시간 분 초	12

❸ DAY	맞은 개수 / 전체 문항
월 일	17
걸린시간 분 초	12

❹ DAY	맞은 개수 / 전체 문항
월 일	17
걸린시간 분 초	21

❺ DAY	맞은 개수 / 전체 문항
월 일	17
걸린시간 분 초	21

원리 깨치기

❶ 받아올림이 없는 (세 자리 수)+(세 자리 수)

[123+456의 계산]

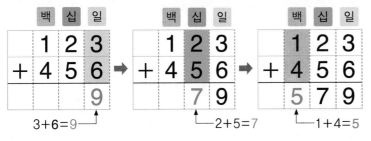

3+6=9
2+5=7
1+4=5

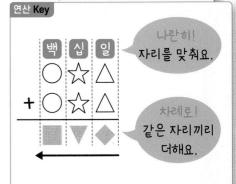

- 자리를 맞추어 씁니다.
- 일의 자리부터 같은 자리 수끼리 차례로 더합니다.

❷ 일의 자리에서 받아올림이 있는 세 자리 수의 덧셈

[128+219의 계산]

받아올림한 수도 빠트리지 않고 더해요.

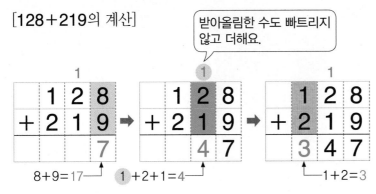

8+9=17
1+2+1=4
1+2=3

일의 자리에서 받아올림이 있으면 십의 자리에 받아올려 계산합니다.

❸ 십의 자리에서 받아올림이 있는 세 자리 수의 덧셈

[271+381의 계산]

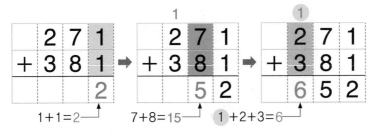

1+1=2
7+8=15
1+2+3=6

십의 자리에서 받아올림이 있으면 백의 자리에 받아올려 계산합니다.

연산 Key

8+9=17
➡ 백의 자리로 받아올려요.

```
   1
  5 8 2
+ 2 9 3
───────
  8 7 5
```

올림한 수를 꼭 더해요.
1+5+2=8

받아올림이 없는 세 자리 수의 덧셈

받아올림이 없는 계산은 같은 자리의 수끼리 더하면 돼요.

😊 계산해 보세요.

연산 Key

백	십	일
3	2	5
+ 1	4	2
4	6	7

같은 자리끼리 계산해요.

❶
	2	1	6
+	3	4	2

❷
	5	3	4
+	4	1	2

❸
	1	8	3
+	2	1	6

❹
	3	3	3
+	2	2	2

❺
	7	2	5
+	2	6	3

❻
	1	6	4
+	1	2	2

❼
	4	6	3
+	3	3	3

❽
	6	2	0
+	1	5	2

❾
	1	3	2
+	4	3	5

❿
	5	0	2
+	3	0	7

⓫
	4	4	4
+	3	2	5

⓬
	7	2	1
+	2	5	6

⓭
	1	5	7
+	5	2	1

⓮
	4	1	3
+	4	2	1

⓯
	1	0	7
+	8	4	0

⓰
	3	8	4
+	6	1	4

⓱
	6	5	0
+	1	3	9

받아올림이 없는 세 자리 수의 덧셈

🐡 가로셈을 세로셈으로 바꾸어 계산해 보세요.

❶ 534＋123

❺ 117＋281

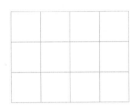

❾ 563＋115

❷ 236＋631

❻ 314＋432

❿ 164＋524

❸ 172＋724

❼ 435＋362

⓫ 192＋805

❹ 134＋823

❽ 619＋230

⓬ 510＋376

연산력
키우기

2
DAY

일의 자리에서 받아올림이 있는
세 자리 수의 덧셈

일의 자리에서 받아올림
한 수는 십의 자리에서
반드시 계산해요.

🐡 계산해 보세요.

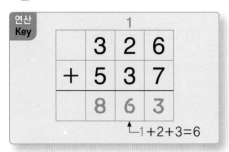

연산
Key

1
```
    3 2 6
  + 5 3 7
    8 6 3
```
└ 1+2+3=6

①
```
    4 2 8
  + 1 5 3
```

②
```
    2 2 5
  + 6 3 9
```

③
```
    7 0 8
  + 1 7 6
```

④
```
    3 2 7
  + 5 1 6
```

⑤
```
    4 5 9
  + 3 2 9
```

⑥
```
    2 4 7
  + 1 3 8
```

⑦
```
    3 2 7
  + 2 4 5
```

⑧
```
    1 3 9
  + 5 5 4
```

⑨
```
    3 5 5
  + 4 2 9
```

⑩
```
    2 6 4
  + 4 2 8
```

⑪
```
    6 0 5
  + 2 4 7
```

⑫
```
    3 3 6
  + 2 5 9
```

⑬
```
    1 1 6
  + 3 5 6
```

⑭
```
    3 4 4
  + 2 0 8
```

⑮
```
    5 1 9
  + 1 3 7
```

⑯
```
    1 3 6
  + 4 3 6
```

⑰
```
    2 6 8
  + 7 0 5
```

2 DAY 일의 자리에서 받아올림이 있는 세 자리 수의 덧셈

🐡 가로셈을 세로셈으로 바꾸어 계산해 보세요.

① 318+245

⑤ 136+357

⑨ 415+167

② 525+336

⑥ 639+145

⑩ 248+327

③ 127+546

⑦ 208+355

⑪ 414+269

④ 356+138

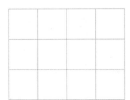

⑧ 519+237

⑫ 138+158

십의 자리에서 받아올림이 있는
세 자리 수의 덧셈

십의 자리 수끼리의 합이
10이거나 10보다 크면
백의 자리로 받아올려요.

  계산해 보세요.

연산 Key

1

```
    4 7 2
+   3 5 1
    8 2 3
   ↑1+4+3=8
```

❶
```
    1 3 2
+   6 8 4
```

❻
```
    5 6 0
+   1 9 9
```

⑫
```
    2 7 6
+   4 7 2
```

❷
```
    4 7 3
+   2 6 6
```

❼
```
    3 9 5
+   2 4 2
```

⑬
```
    3 8 1
+   5 6 3
```

❸
```
    6 5 5
+   2 5 1
```

❽
```
    2 3 2
+   3 9 0
```

⑭
```
    1 8 4
+   5 8 5
```

❹
```
    5 6 1
+   3 6 7
```

❿
```
    3 8 4
+   2 8 5
```

⑯
```
    1 9 2
+   6 9 3
```

❺
```
    4 7 6
+   3 9 2
```

⑪
```
    1 8 4
+   1 9 4
```

⑰
```
    5 6 0
+   2 5 4
```

❾
```
    1 4 3
+   4 7 2
```

⑮
```
    3 9 4
+   3 5 1
```

 가로셈을 세로셈으로 바꾸어 계산해 보세요.

❶ 156＋281

❺ 319＋490

❾ 471＋282

❷ 562＋354

❻ 178＋661

❿ 235＋473

❸ 291＋184

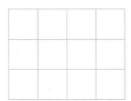

❼ 255＋362

⓫ 463＋271

❹ 176＋453

❽ 691＋237

⓬ 383＋542

받아올림한 수를 잊지 말고
꼭 써서 계산해요.

🐡 계산해 보세요.

연산 Key

```
        1
    1  2  6
 +  2  5  8      6+8=14
 ─────────
    3  8  4
```

❶
```
    4  3  5
 +  1  4  3
 ─────────
```

❷
```
    3  6  4
 +  2  9  2
 ─────────
```

❸
```
    1  2  6
 +  1  1  2
 ─────────
```

❹
```
    6  4  3
 +  3  4  6
 ─────────
```

❺
```
    8  6  9
 +  1  0  5
 ─────────
```

⑥
```
    2  8  3
 +  3  4  2
 ─────────
```

⑦
```
    5  3  9
 +  2  2  7
 ─────────
```

⑧
```
    4  1  0
 +  1  9  5
 ─────────
```

⑨
```
    7  2  3
 +  1  9  3
 ─────────
```

⑩
```
    1  2  8
 +  3  1  7
 ─────────
```

⑪
```
    5  1  6
 +  3  7  6
 ─────────
```

⑫
```
    4  0  0
 +  2  0  9
 ─────────
```

⑬
```
    3  3  2
 +  1  9  5
 ─────────
```

⑭
```
    2  2  6
 +  1  3  5
 ─────────
```

⑮
```
    6  3  2
 +  2  3  6
 ─────────
```

⑯
```
    4  1  4
 +  1  2  7
 ─────────
```

⑰
```
    2  4  5
 +  3  7  4
 ─────────
```

🐡 계산해 보세요.

❶ 500+360

❷ 134+252

❸ 672+319

❹ 486+407

❺ 293+184

❻ 740+106

❼ 632+175

❽ 481+227

❾ 382+460

❿ 146+238

⓫ 151+329

⓬ 316+253

⓭ 492+145

⓮ 345+543

⓯ 208+416

⓰ 506+289

⓱ 413+275

⓲ 729+142

⓳ 143+328

⓴ 221+125

㉑ 816+169

가로셈은 자리를 잘 맞추어 세로셈으로 써서 계산해 봐요.

🐡 계산해 보세요.

연산 Key

```
    1
  2 7 1
+ 3 7 3
─────────
6 4 4
```
올림한 수를 반드시 더해요.

❶
```
  5 6 4
+ 1 8 3
```

❷
```
  2 0 6
+ 3 0 8
```

❸
```
  5 4 1
+ 1 6 3
```

❹
```
  4 2 9
+ 2 5 5
```

❺
```
  3 6 6
+ 2 5 1
```

❻
```
  1 3 5
+ 4 2 6
```

❼
```
  3 2 7
+ 4 3 9
```

❽
```
  7 3 0
+ 1 8 5
```

❾
```
  1 4 7
+ 3 2 7
```

❿
```
  6 5 2
+ 2 8 1
```

⓫
```
  6 0 5
+ 1 2 7
```

⓬
```
  3 2 1
+ 2 5 4
```

⓭
```
  4 5 8
+ 3 7 1
```

⓮
```
  2 9 3
+ 1 9 6
```

⓯
```
  3 8 5
+ 1 0 6
```

⓰
```
  2 6 3
+ 5 4 2
```

⓱
```
  5 2 8
+ 3 9 1
```

🐟 계산해 보세요.

❶ 322+549

❽ 741+134

⑮ 856+127

❷ 212+352

❾ 129+548

⑯ 418+343

❸ 173+119

❿ 563+274

⑰ 336+259

❹ 425+238

⓫ 471+321

⑱ 127+492

❺ 309+152

⓬ 488+331

⑲ 278+519

❻ 116+246

⓭ 631+182

⑳ 326+249

❼ 172+715

⓮ 435+362

㉑ 216+357

올려!

2

세 자리 수의 덧셈(2)

학습목표 1. 받아올림이 2번 있는 (세 자리 수)+(세 자리 수)의 계산 익히기
2. 받아올림이 3번 있는 (세 자리 수)+(세 자리 수)의 계산 익히기

원리 깨치기

❶ 받아올림이 2번 있는 세 자리 수의 덧셈
❷ 받아올림이 3번 있는 세 자리 수의 덧셈

월   일

 이해!   한번 더!

받아올림이 연달아 있어서 헷갈릴 때는 받아올림한 수를 작게 쓰는 것을 잊지 마! 충분히 연습하고 나면 자연수의 덧셈 왕이 되어 있을 거야. 다들 준비됐지? 출발~

연산력 키우기

❶ DAY		맞은 개수 / 전체 문항
월	일	17
걸린시간 분	초	12

❷ DAY		맞은 개수 / 전체 문항
월	일	17
걸린시간 분	초	12

❸ DAY		맞은 개수 / 전체 문항
월	일	17
걸린시간 분	초	21

❹ DAY		맞은 개수 / 전체 문항
월	일	17
걸린시간 분	초	21

❺ DAY		맞은 개수 / 전체 문항
월	일	9
걸린시간 분	초	24

❶ 받아올림이 2번 있는 세 자리 수의 덧셈

[248+576의 계산]

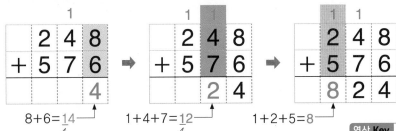

8+6=14 → 십의 자리로 받아올려요.

1+4+7=12 → 백의 자리로 받아올려요.

1+2+5=8

- 자리를 맞추어 씁니다.
- 일의 자리 수끼리의 합이 **10**이거나 **10**보다 크면 **십**의 자리로 받아올림하여 계산합니다.
- 십의 자리 수끼리의 합이 **10**이거나 **10**보다 크면 **백**의 자리로 받아올림하여 계산합니다.

연산 Key

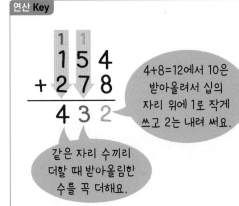

4+8=12에서 10은 받아올려서 십의 자리 위에 1로 작게 쓰고 2는 내려 써요.

같은 자리 수끼리 더할 때 받아올림한 수를 꼭 더해요.

❷ 받아올림이 3번 있는 세 자리 수의 덧셈

[759+486의 계산]

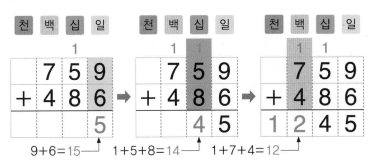

9+6=15 ┘   1+5+8=14 ┘   1+7+4=12 ┘

- 자리를 맞추어 씁니다.
- 같은 자리 수끼리의 합이 **10**이거나 **10**보다 크면 바로 윗자리로 받아올림하여 계산합니다.
- 백의 자리에서 받아올림한 수는 천의 자리에 씁니다.

연산 Key

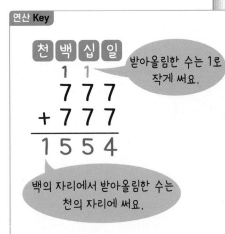

받아올림한 수는 1로 작게 써요.

백의 자리에서 받아올림한 수는 천의 자리에 써요.

받아올림이 2번 있는 세 자리 수의 덧셈

받아올림이 일의 자리에서, 십의 자리에서 연속으로 있는 계산이에요.

🐡 계산해 보세요.

연산 Key

```
    1 1
    1 6 4
  + 2 5 8
    4 2 2
```

❻
```
    2 5 6
  + 3 8 7
```

⓬
```
    3 6 6
  + 2 7 5
```

❶
```
    4 9 3
  + 1 2 7
```

❼
```
    1 4 5
  + 6 8 9
```

⓭
```
    5 5 8
  + 2 5 4
```

❷
```
    2 8 6
  + 4 7 6
```

❽
```
    3 2 9
  + 5 9 4
```

⓮
```
    7 9 5
  + 1 3 7
```

❸
```
    1 9 9
  + 1 9 1
```

❾
```
    4 7 5
  + 3 5 8
```

⓯
```
    6 4 8
  + 1 9 8
```

❹
```
    7 3 9
  + 1 8 4
```

❿
```
    2 8 7
  + 2 3 6
```

⓰
```
    4 5 3
  + 4 4 9
```

❺
```
    1 5 8
  + 2 7 3
```

⓫
```
    5 1 4
  + 1 8 7
```

⓱
```
    3 7 7
  + 4 4 9
```

가로셈을 세로셈으로 바꾸어 계산해 보세요.

❶ 193+348

❺ 356+487

❾ 176+176

❷ 487+493

❻ 263+279

❿ 628+194

❸ 416+295

❼ 763+157

⓫ 269+164

❹ 576+385

❽ 645+296

⓬ 153+549

🐡 계산해 보세요.

연산 **Key**

```
  1 1
  2 8 5
+ 9 6 7
① 2 5 2
```
┌ 백의 자리에서 받아올렸으므로 천의 자리에 1을 써요.

❶
```
  3 7 9
+ 6 8 5
```

❷
```
  9 3 9
+ 4 8 4
```

❸
```
  3 6 4
+ 7 8 7
```

❹
```
  9 3 4
+ 5 9 8
```

❺
```
  6 7 3
+ 8 5 7
```

❻
```
  8 6 5
+ 6 7 5
```

❼
```
  5 6 8
+ 8 4 3
```

❽
```
  7 6 5
+ 4 9 5
```

❾
```
  5 7 4
+ 8 5 6
```

❿
```
  2 5 9
+ 8 8 7
```

⓫
```
  4 9 8
+ 9 5 5
```

⓬
```
  4 9 4
+ 7 3 8
```

⓭
```
  6 5 3
+ 5 7 9
```

⓮
```
  4 5 2
+ 8 6 9
```

⓯
```
  6 2 9
+ 5 9 1
```

⓰
```
  7 8 7
+ 8 4 9
```

⓱
```
  3 6 8
+ 7 8 6
```

2 **DAY**

받아올림이 3번 있는 세 자리 수의 덧셈

🐡 가로셈을 세로셈으로 바꾸어 계산해 보세요.

❶ 598+726

❺ 438+672

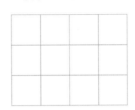

❾ 779+284

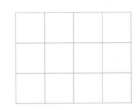

❷ 816+398

❻ 673+749

❿ 546+675

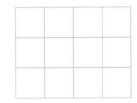

❸ 986+634

❼ 926+395

⓫ 786+539

❹ 859+677

❽ 235+967

⓬ 407+598

연산력 키우기 **3** **DAY** 세 자리 수의 덧셈

받아올림이 2번, 3번 있는 덧셈은 받아올림한 수를 빠트리지 않고 계산해야 해요.

🐡 계산해 보세요.

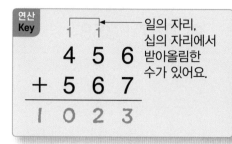

연산 Key

일의 자리, 십의 자리에서 받아올림한 수가 있어요.

```
  1 1
  4 5 6
+ 5 6 7
-------
1 0 2 3
```

❶
```
  3 4 4
+ 4 6 6
```

❷
```
  5 5 8
+ 6 7 5
```

❸
```
  7 3 6
+ 3 9 6
```

❹
```
  8 7 9
+ 2 3 3
```

❺
```
  9 9 9
+ 1 1 1
```

❻
```
  2 6 8
+ 3 7 9
```

❼
```
  6 8 5
+ 9 2 7
```

❽
```
  3 7 9
+ 5 5 2
```

❾
```
  6 3 4
+ 5 9 6
```

❿
```
  5 6 4
+ 1 5 7
```

⓫
```
  2 4 8
+ 3 9 6
```

⓬
```
  4 5 6
+ 3 8 8
```

⓭
```
  8 7 8
+ 3 3 9
```

⓮
```
  2 5 6
+ 4 4 4
```

⓯
```
  8 4 5
+ 7 6 8
```

⓰
```
  6 3 8
+ 3 9 4
```

⓱
```
  8 2 9
+ 5 7 6
```

세 자리 수의 덧셈

 계산해 보세요.

❶ 184+279

❷ 328+496

❸ 176+485

❹ 387+387

❺ 656+656

❻ 873+927

❼ 593+578

❽ 524+796

❾ 295+819

❿ 197+489

⓫ 268+268

⓬ 253+987

⓭ 485+797

⓮ 852+798

⓯ 967+358

⓰ 389+479

⓱ 618+989

⓲ 492+859

⓳ 992+209

⓴ 829+278

㉑ 974+457

😀 **계산해 보세요.**

연산 Key

1

일의 자리에서 받아올림이 없는 경우예요.

```
    7 6 3
  + 8 5 5
  ─────────
  1 6 1 8
```

❶
```
    9 3 6
  + 4 7 1
  ─────────
```

❷
```
    6 5 8
  + 7 3 2
  ─────────
```

❸
```
    8 1 7
  + 5 2 5
  ─────────
```

❹
```
    2 6 9
  + 9 6 2
  ─────────
```

❺
```
    7 5 7
  + 4 6 8
  ─────────
```

❻
```
    9 4 8
  + 8 4 9
  ─────────
```

❼
```
    3 7 6
  + 6 7 4
  ─────────
```

❽
```
    5 3 8
  + 7 4 6
  ─────────
```

❾
```
    9 4 5
  + 5 9 6
  ─────────
```

❿
```
    3 0 1
  + 4 9 9
  ─────────
```

⓫
```
    1 8 4
  + 8 5 7
  ─────────
```

⓬
```
    2 6 4
  + 6 9 8
  ─────────
```

⓭
```
    8 3 6
  + 9 5 6
  ─────────
```

⓮
```
    1 9 5
  + 4 6 8
  ─────────
```

⓯
```
    4 9 3
  + 8 7 9
  ─────────
```

⓰
```
    4 5 6
  + 4 5 6
  ─────────
```

⓱
```
    5 0 9
  + 9 0 3
  ─────────
```

🐡 계산해 보세요.

① 827＋954

② 385＋966

③ 864＋186

④ 945＋678

⑤ 624＋859

⑥ 846＋578

⑦ 369＋963

⑧ 765＋879

⑨ 545＋584

⑩ 947＋298

⑪ 284＋367

⑫ 398＋182

⑬ 296＋384

⑭ 753＋357

⑮ 244＋688

⑯ 198＋982

⑰ 356＋186

⑱ 183＋947

⑲ 507＋399

⑳ 709＋504

㉑ 843＋167

받아올림한 수를 생각하여
모르는 수를 구해 봐요.

□ 안에 알맞은 수를 써넣으세요.

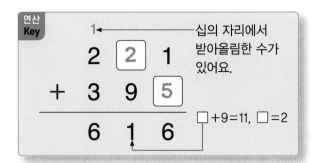

연산 Key

십의 자리에서
받아올림한 수가
있어요.

```
   1
  2  2  1
+ 3  9  5
─────────
  6  1  6
```

□+9=11, □=2

❶
```
   4  5  □
+  2  □  6
─────────
   6  9  8
```

❷
```
   2  8  □
+  1  □  4
─────────
   4  3  7
```

❸
```
   6  □  7
+  3  3  5
─────────
   9  5  □
```

❹
```
   3  5  6
+  □  8  6
─────────
   8  □  2
```

❺
```
   5  6  7
+  8  6  □
─────────
 1 □  3  4
```

❻
```
   3  □  5
+  6  2  □
─────────
   □  9  8
```

❼
```
   1  1  □
+  1  □  8
─────────
   3  1  6
```

❽
```
   4  □  5
+  □  4  9
─────────
   9  7  4
```

❾
```
   7  □  7
+  6  9  6
─────────
   □  4  3  3
```

🐡 계산해 보세요.

❶ 650+350

❷ 750+250

❸ 850+150

❹ 550+950

❺ 650+850

❻ 750+750

❼ 238+452

❽ 239+451

❾ 240+450

❿ 385+515

⓫ 390+520

⓬ 395+525

⑬ 101+898

⑭ 202+787

⑮ 303+676

⑯ 111+999

⑰ 222+888

⑱ 333+777

⑲ 444+444

⑳ 555+555

㉑ 666+666

㉒ 777+777

㉓ 888+888

㉔ 999+999

3

백 1개 **내려!** 십 10개

세 자리 수의 뺄셈(1)

학습목표 1. 받아내림이 없는 (세 자리 수)−(세 자리 수)의 계산 익히기
2. 받아내림이 1번 있는 (세 자리 수)−(세 자리 수)의 계산 익히기

원리 깨치기

❶ 받아내림이 없는 세 자리 수의 뺄셈
❷ 십의 자리에서 받아내림이 있는 세 자리 수의 뺄셈
❸ 백의 자리에서 받아내림이 있는 세 자리 수의 뺄셈

월   일

 이해 !   한번 더 !

세 자리 수의 뺄셈도 덧셈처럼 일의 자리부터 차례대로 빼면 돼. 이때 같은 자리끼리 뺄 수 없을 때에는 어떻게 할까? 십 모형 1개를 일 모형 10개로 바꿔서 계산하거나, 백 모형 1개를 십 모형 10개로 바꿔서 계산하면 돼. 빠르고 정확하게 계산할 수 있도록 열심히 연습해 보자.

연산력 키우기

❶ DAY		맞은 개수 / 전체 문항
월	일	17
걸린시간 분	초	12

❷ DAY		맞은 개수 / 전체 문항
월	일	17
걸린시간 분	초	12

❸ DAY		맞은 개수 / 전체 문항
월	일	17
걸린시간 분	초	12

❹ DAY		맞은 개수 / 전체 문항
월	일	17
걸린시간 분	초	21

❺ DAY		맞은 개수 / 전체 문항
월	일	17
걸린시간 분	초	21

① **받아내림이 없는 세 자리 수의 뺄셈**

[567−143의 계산]

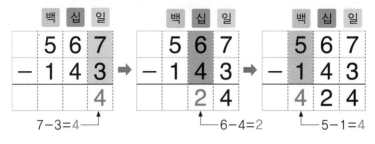

7−3=4

6−4=2

5−1=4

- 자리를 맞추어 씁니다.
- 일의 자리부터 같은 자리의 수끼리 차례대로 뺍니다.

연산 Key

자리를 맞추어 일의 자리부터 계산해요.

② **십의 자리에서 받아내림이 있는 세 자리 수의 뺄셈**

[683−159의 계산]

3−9를 할 수 없으므로 십의 자리에서 10을 받아내려요.

남은 수 7에서 5를 빼요.

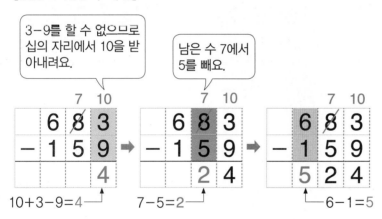

10+3−9=4

7−5=2

6−1=5

일의 자리 수끼리 뺄 수 없으면 십의 자리에서 받아내림하여 계산합니다.

③ **백의 자리에서 받아내림이 있는 세 자리 수의 뺄셈**

[348−162의 계산]

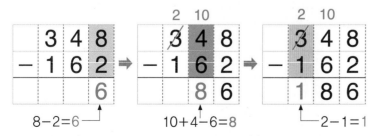

8−2=6

10+4−6=8

2−1=1

연산 Key

백 1개 = 십 10개!

10개를 받아서 15에서 7을 빼요.

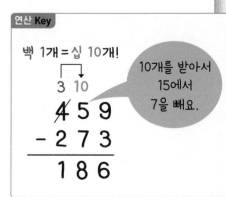

십의 자리 수끼리 뺄 수 없으면 백의 자리에서 받아내림하여 계산합니다.

🐡 계산해 보세요.

연산 Key

백	십	일
3	9	6
− 1	7	5
2	2	1

같은 자리끼리 계산해요.

❶
	6	4	6
−	3	2	5

❷
	8	3	7
−	4	2	3

❸
	5	6	6
−	3	4	4

❹
	7	6	5
−	3	1	3

❺
	4	4	5
−	1	4	4

❻
	2	9	5
−	1	0	3

❼
	7	8	9
−	5	7	2

❽
	6	5	7
−	4	2	3

❾
	8	7	7
−	2	5	1

❿
	9	4	5
−	5	4	2

⓫
	8	6	5
−	3	1	3

⓬
	8	8	6
−	4	8	2

⓭
	3	6	4
−	1	5	1

⓮
	9	6	8
−	7	2	4

⓯
	5	5	9
−	3	2	4

⓰
	3	9	3
−	2	6	1

⓱
	5	9	8
−	4	7	3

받아내림이 없는 세 자리 수의 뺄셈

🐡 가로셈을 세로셈으로 바꾸어 계산해 보세요.

❶ 753-132

❺ 383-210

❾ 467-126

❷ 954-831

❻ 867-423

❿ 795-572

❸ 574-341

❼ 656-325

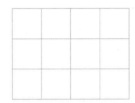

⓫ 472-160

❹ 356-142

❽ 795-534

⓬ 535-224

십의 자리에서 받아내림이 있는 세 자리 수의 뺄셈

일의 자리 수끼리 뺄 수 없으면 십의 자리에서 받아내림해요.

🙂 계산해 보세요.

연산 Key

1 작아져요.
2 10

```
     5  3̸  6
  -  1  2  7
     4  0  9
```
└─ 10+6-7=9

❶
```
     7  6  3
  -  2  1  8
```

❷
```
     6  4  7
  -  5  2  8
```

❸
```
     4  7  2
  -  2  5  8
```

❹
```
     7  9  6
  -  5  4  7
```

❺
```
     3  8  3
  -  1  4  7
```

❻
```
     9  7  1
  -  3  3  5
```

❼
```
     3  2  8
  -  1  0  9
```

❽
```
     5  6  3
  -  2  3  5
```

❾
```
     8  2  2
  -  4  1  6
```

❿
```
     2  5  0
  -  1  2  9
```

⓫
```
     9  2  6
  -  4  1  8
```

⓬
```
     8  6  2
  -  7  4  5
```

⓭
```
     4  4  4
  -  2  2  6
```

⓮
```
     2  3  4
  -  1  1  9
```

⓯
```
     5  9  5
  -  3  2  8
```

⓰
```
     6  4  1
  -  1  2  4
```

⓱
```
     8  3  5
  -  5  1  6
```

가로셈을 세로셈으로 바꾸어 계산해 보세요.

❶ 267 − 148

❺ 752 − 326

❾ 583 − 245

❷ 354 − 227

❻ 866 − 219

❿ 970 − 624

❸ 425 − 119

❼ 953 − 328

⓫ 442 − 236

❹ 591 − 236

❽ 755 − 419

⓬ 694 − 515

백의 자리에서 받아내림이 있는 세 자리 수의 뺄셈

😊 계산해 보세요.

연산 Key

```
      5  10
    6̸  4  5
 −  1  7  3
 ─────────
    4  7  2
```

❶
```
   2  8  4
− 1  9  2
──────────
```

❷
```
   2  1  7
− 1  5  3
──────────
```

❸
```
   3  4  8
− 2  6  4
──────────
```

❹
```
   4  5  7
− 1  7  5
──────────
```

❺
```
   4  3  6
− 2  8  2
──────────
```

❻
```
   5  2  9
− 2  6  3
──────────
```

❼
```
   5  4  6
− 3  7  5
──────────
```

❽
```
   6  2  9
− 4  5  4
──────────
```

❾
```
   6  3  5
− 2  9  3
──────────
```

❿
```
   6  8  4
− 5  9  1
──────────
```

⓫
```
   7  7  7
− 3  8  4
──────────
```

⓬
```
   7  5  8
− 5  7  5
──────────
```

⓭
```
   7  1  5
− 2  6  3
──────────
```

⓮
```
   8  0  4
− 3  9  3
──────────
```

⓯
```
   8  3  6
− 6  4  1
──────────
```

⓰
```
   9  2  5
− 5  8  4
──────────
```

⓱
```
   9  6  8
− 4  8  5
──────────
```

가로셈을 세로셈으로 바꾸어 계산해 보세요.

❶ 217−134

❺ 549−361

❾ 749−583

❷ 326−162

❻ 607−235

❿ 858−270

❸ 438−274

❼ 686−494

⓫ 843−661

❹ 517−235

❽ 735−371

⓬ 958−576

연산력 키우기 **4** DAY 세 자리 수의 뺄셈

받아내림을 하면 그 숫자는 1 작아져요.

🍩 계산해 보세요.

연산 Key			
	5	10	실제로 나타내는 수는 500이에요.
	5	$\cancel{6}$ 2	
−	3	3 9	
	2	2 3	

❶
```
    8 9 3
 -  4 7 5
```

❷
```
    4 5 4
 -  2 1 6
```

❸
```
    6 7 1
 -  4 3 8
```

❹
```
    9 8 6
 -  5 4 7
```

❺
```
    8 6 3
 -  6 2 5
```

❻
```
    7 4 8
 -  2 7 5
```

❼
```
    4 2 6
 -  1 8 5
```

❽
```
    6 5 3
 -  5 6 2
```

❾
```
    9 3 9
 -  4 4 4
```

❿
```
    8 6 7
 -  3 9 5
```

⓫
```
    5 1 6
 -  2 8 4
```

⓬
```
    8 8 8
 -  3 5 4
```

⓭
```
    2 6 1
 -  1 5 8
```

⓮
```
    4 7 7
 -  3 8 6
```

⓯
```
    5 4 3
 -  2 9 1
```

⓰
```
    3 8 2
 -  1 6 4
```

⓱
```
    6 3 9
 -  1 7 6
```

🐡 계산해 보세요.

❶ 187 − 123

❷ 356 − 231

❸ 489 − 256

❹ 473 − 152

❺ 567 − 316

❻ 598 − 165

❼ 686 − 424

❽ 394 − 158

❾ 463 − 247

❿ 581 − 465

⓫ 565 − 237

⓬ 672 − 136

⓭ 784 − 429

⓮ 866 − 318

⓯ 529 − 136

⓰ 506 − 342

⓱ 668 − 284

⓲ 739 − 577

⓳ 715 − 132

⓴ 888 − 495

㉑ 917 − 336

세 자리 수의 뺄셈

 계산해 보세요.

연산 Key

실제로
나타내는 수는
3000이에요.

```
   3  10
   4  2  7
-  1  6  5
──────────
   2  6  2
```

❶
```
   3  5  6
-  1  8  2
──────────
```

❷
```
   5  1  3
-  2  9  2
──────────
```

❸
```
   5  4  6
-  1  7  4
──────────
```

❹
```
   6  3  8
-  4  5  2
──────────
```

❺
```
   7  6  5
-  3  8  4
──────────
```

❻
```
   7  2  8
-  5  5  5
──────────
```

❼
```
   8  4  4
-  3  2  8
──────────
```

❽
```
   9  7  3
-  6  1  5
──────────
```

❾
```
   9  6  2
-  4  3  6
──────────
```

❿
```
   8  2  7
-  5  7  4
──────────
```

⓫
```
   7  5  9
-  2  6  3
──────────
```

⓬
```
   6  6  2
-  3  3  4
──────────
```

⓭
```
   6  1  8
-  1  5  7
──────────
```

⓮
```
   5  7  4
-  3  3  6
──────────
```

⓯
```
   5  0  9
-  1  5  7
──────────
```

⓰
```
   4  3  6
-  2  2  8
──────────
```

⓱
```
   3  5  9
-  1  8  4
──────────
```

계산해 보세요.

❶ 650 − 380

❷ 720 − 190

❸ 805 − 273

❹ 508 − 333

❺ 460 − 137

❻ 770 − 542

❼ 890 − 243

❽ 637 − 121

❾ 754 − 326

❿ 483 − 291

⓫ 571 − 156

⓬ 938 − 415

⓭ 769 − 386

⓮ 493 − 226

⓯ 535 − 353

⓰ 484 − 248

⓱ 676 − 181

⓲ 890 − 177

⓳ 958 − 696

⓴ 795 − 559

㉑ 474 − 235

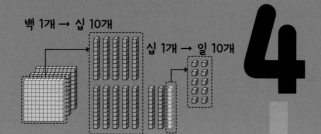

백 1개 → 십 10개
십 1개 → 일 10개

4

세 자리 수의 뺄셈(2)

학습목표 받아내림이 2번 있는 (세 자리 수)-(세 자리 수)의 계산 익히기

원리 깨치기
❶ 받아내림이 2번 있는 세 자리 수의 뺄셈 원리
❷ 받아내림이 2번 있는 세 자리 수의 뺄셈 방법
월   일

 이해!   한번 더 !

받아내림이 있는 뺄셈은 백 모형 1 개를 십 모형 10개로, 십 모형 1개를 일 모형 10개로 바꾸는 거와 같아. 이때 처음 숫자는 1 작아지겠지. 자, 이제부터 받아내림이 있는 뺄셈의 달인이 되어 보는 거야. 다들 준비됐지? 출발!!!

연산력 키우기

❶ DAY		맞은 개수
		전체 문항
월	일	17
걸린시간 분	초	12

❷ DAY		맞은 개수
		전체 문항
월	일	17
걸린시간 분	초	12

❸ DAY		맞은 개수
		전체 문항
월	일	17
걸린시간 분	초	21

❹ DAY		맞은 개수
		전체 문항
월	일	17
걸린시간 분	초	21

❺ DAY		맞은 개수
		전체 문항
월	일	21
걸린시간 분	초	12

❶ 받아내림이 2번 있는 세 자리 수의 뺄셈 원리

[423−164의 계산]

일의 자리 계산	십의 자리 계산	백의 자리 계산

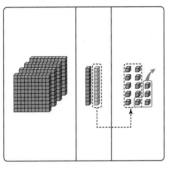

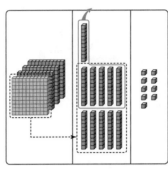

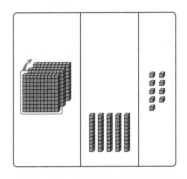

일 모형 3개에서 4개를 뺄 수 없으므로 십 모형 1개를 일 모형 10개로 바꾸어 13개에서 4개를 뺍니다.

남은 십 모형 1개에서 6개를 뺄 수 없으므로 백 모형 1개를 십 모형 10개로 바꾸어 11개에서 6개를 뺍니다.

남은 백 모형 3개에서 1개를 뺍니다.

연산 Key

```
        5  13  10
        6   4   5
    -   1   8   9
    ─────────────
        4   5   6
```

3+10=13

❷ 받아내림이 2번 있는 세 자리 수의 뺄셈 방법

[423−164의 계산]

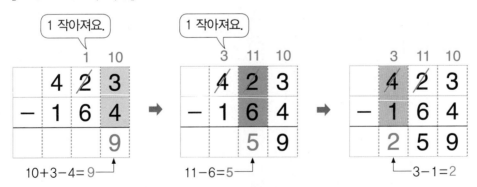

같은 자리끼리 뺄 수 없을 때는
바로 윗자리에서 받아내림하여 계산합니다.

1 DAY 받아내림이 2번 있는 세 자리 수의 뺄셈

연속하여 2번 받아내림 할 때 십의 자리 숫자가 어떻게 변하는지 살펴보세요.

🐡 계산해 보세요.

연산 Key

```
    5  16  10
    6̷  7̷   1
  -  3   8   6
    2   8   5
```
7에서 1만큼 작아진 후 10을 받아서 16이 돼요.

❶
```
    7  3  4
  - 2  6  8
```

❷
```
    5  7  2
  - 1  8  9
```

❸
```
    4  2  5
  - 3  7  6
```

❹
```
    3  4  1
  - 1  5  2
```

❺
```
    6  3  5
  - 2  7  8
```

❻
```
    8  6  3
  - 4  9  6
```

❼
```
    9  2  6
  - 3  4  7
```

❽
```
    2  5  3
  - 1  6  6
```

❾
```
    3  8  3
  - 1  9  5
```

❿
```
    4  3  6
  - 2  6  9
```

⓫
```
    5  4  5
  - 3  5  8
```

⓬
```
    6  1  2
  - 4  5  7
```

⓭
```
    7  6  4
  - 3  8  5
```

⓮
```
    8  5  3
  - 6  9  4
```

⓯
```
    9  1  1
  - 3  5  7
```

⓰
```
    8  4  2
  - 5  4  6
```

⓱
```
    7  6  3
  - 4  8  9
```

 가로셈을 세로셈으로 바꾸어 계산해 보세요.

❶ 343−187

❺ 672−479

❾ 364−289

❷ 712−378

❻ 582−194

❿ 837−439

❸ 677−499

❼ 413−139

⓫ 913−325

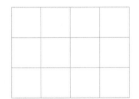

❹ 651−276

❽ 854−568

⓬ 466−188

연산력 키우기 **2** DAY **받아내림이 2번 있는 세 자리 수의 뺄셈**

빼지는 수의 십의 자리가 0일 때 일의 자리를 계산하기 위해 백의 자리에서 십 9개와 일 10개를 받아내려요.

🐡 계산해 보세요.

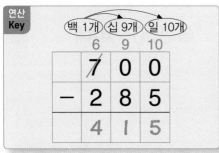

①

```
    5 0 6
  - 1 4 9
  -------
```

②

```
    4 0 7
  - 2 3 8
  -------
```

③

```
    3 0 0
  - 1 8 2
  -------
```

④

```
    6 0 0
  - 2 6 4
  -------
```

⑤

```
    8 0 3
  - 4 7 6
  -------
```

⑥

```
    9 0 0
  - 5 3 2
  -------
```

⑦

```
    7 0 3
  - 4 2 4
  -------
```

⑧

```
    5 0 2
  - 1 7 6
  -------
```

⑨

```
    2 0 4
  - 1 3 5
  -------
```

⑩

```
    4 0 3
  - 2 5 6
  -------
```

⑪

```
    6 0 1
  - 4 0 8
  -------
```

⑫

```
    8 0 3
  - 2 0 5
  -------
```

⑬

```
    4 0 0
  - 1 7 7
  -------
```

⑭

```
    9 0 5
  - 4 3 8
  -------
```

⑮

```
    7 0 7
  - 3 9 9
  -------
```

⑯

```
    3 0 4
  - 1 2 9
  -------
```

⑰

```
    5 0 0
  - 1 5 5
  -------
```

가로셈을 세로셈으로 바꾸어 계산해 보세요.

❶ 300 - 288

❺ 500 - 333

❾ 800 - 444

❷ 302 - 176

❻ 504 - 196

❿ 803 - 539

❸ 400 - 144

❼ 600 - 222

⓫ 900 - 777

❹ 407 - 208

❽ 605 - 376

⓬ 901 - 425

 계산해 보세요.

연산 Key

```
    5  14 10
    6  5  3
 -  2  7  6
 ───────────
    3  7  7
```

❶
```
    9  6  4
 -  3  9  8
 ──────────
```

❷
```
    3  1  2
 -  1  2  8
 ──────────
```

❸
```
    2  8  2
 -  1  9  4
 ──────────
```

❹
```
    6  4  7
 -  4  6  8
 ──────────
```

❺
```
    5  6  7
 -  3  9  8
 ──────────
```

❻
```
    4  2  1
 -  1  3  9
 ──────────
```

❼
```
    7  3  1
 -  1  7  6
 ──────────
```

❽
```
    5  2  3
 -  2  4  5
 ──────────
```

❾
```
    6  2  6
 -  3  4  8
 ──────────
```

❿
```
    8  1  4
 -  5  3  5
 ──────────
```

⓫
```
    4  6  3
 -  1  7  5
 ──────────
```

⓬
```
    3  1  8
 -  1  7  9
 ──────────
```

⓭
```
    6  3  2
 -  3  6  9
 ──────────
```

⓮
```
    8  5  8
 -  4  9  9
 ──────────
```

⓯
```
    3  4  6
 -  2  6  7
 ──────────
```

⓰
```
    9  3  2
 -  8  7  6
 ──────────
```

⓱
```
    7  8  5
 -  5  9  7
 ──────────
```

계산해 보세요.

❶ 852−476

❷ 333−166

❸ 546−378

❹ 362−279

❺ 672−394

❻ 962−278

❼ 576−189

❽ 263−184

❾ 453−279

❿ 925−446

⑪ 410−264

⑫ 743−569

⑬ 210−157

⑭ 627−479

⑮ 725−426

⑯ 628−539

⑰ 215−138

⑱ 543−176

⑲ 831−275

⑳ 324−188

㉑ 725−396

😊 계산해 보세요.

```
연산
Key        4 9 10
          5 0̸ 7
        - 1 6 8
        ─────────
          3 3 9
```

❶
```
    6 0 0
  - 2 3 3
  ─────────
```

❷
```
    7 0 2
  - 3 1 6
  ─────────
```

❸
```
    5 0 1
  - 1 5 7
  ─────────
```

❹
```
    4 0 0
  - 3 6 6
  ─────────
```

❺
```
    9 0 7
  - 4 0 9
  ─────────
```

❻
```
    7 0 4
  - 5 1 9
  ─────────
```

❼
```
    8 0 8
  - 4 6 9
  ─────────
```

❽
```
    2 0 6
  - 1 3 8
  ─────────
```

❾
```
    4 0 4
  - 2 8 7
  ─────────
```

❿
```
    6 0 3
  - 5 3 5
  ─────────
```

⓫
```
    8 0 2
  - 3 3 9
  ─────────
```

⓬
```
    3 0 7
  - 2 1 8
  ─────────
```

⓭
```
    5 0 4
  - 1 9 5
  ─────────
```

⓮
```
    7 0 8
  - 4 3 9
  ─────────
```

⓯
```
    9 0 3
  - 7 2 7
  ─────────
```

⓰
```
    5 0 3
  - 3 6 6
  ─────────
```

⓱
```
    3 0 0
  - 1 9 9
  ─────────
```

계산해 보세요.

❶ 816 − 298

❽ 508 − 279

⑮ 311 − 145

❷ 274 − 186

❾ 435 − 176

⑯ 652 − 376

❸ 921 − 365

⑩ 762 − 485

⑰ 944 − 599

❹ 604 − 478

⑪ 653 − 186

⑱ 486 − 197

❺ 731 − 395

⑫ 806 − 577

⑲ 502 − 376

❻ 826 − 549

⑬ 314 − 197

⑳ 752 − 584

❼ 724 − 257

⑭ 613 − 584

㉑ 854 − 667

🐡 계산해 보세요.

연산 Key

$540 - 238 = 302$

$440 - 238 = 202$

$340 - 238 = 102$

빼지는 수가 100씩 작아지면

결과도 100씩 작아져요.

❶ $370 - 192$

❷ $470 - 192$

❸ $570 - 192$

❹ $850 - 464$

❺ $850 - 364$

❻ $850 - 264$

❼ $622 - 157$

❽ $422 - 157$

❾ $222 - 157$

⑩ $430 - 285$

⑪ $530 - 385$

⑫ $630 - 485$

⑬ $520 - 353$

⑭ $510 - 343$

⑮ $500 - 333$

⑯ $600 - 499$

⑰ $700 - 399$

⑱ $800 - 299$

⑲ $905 - 608$

⑳ $705 - 408$

㉑ $505 - 208$

🐡 두 수의 차를 구해 보세요.

① 427 158

② 854 276

③ 926 359

④ 615 486

⑤ 863 584

⑥ 624 176

⑦ 249 516

⑧ 396 951

⑨ 276 654

⑩ 683 801

⑪ 122 500

⑫ 394 820

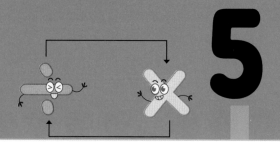

5

(두 자리 수)÷(한 자리 수)(1)

학습목표　1. 곱셈과 나눗셈의 관계 알아보기
2. 나눗셈의 몫을 곱셈식으로 구하는 방법 익히기

원리 깨치기

❶ 나눗셈식 알아보기
❷ 곱셈과 나눗셈의 관계
❸ 나눗셈의 몫을 곱셈식으로 구하기

월　　　　　일

 이해! 한번 더!

나눗셈은 덧셈, 뺄셈, 곱셈의 모든 연산을 할 수 있을 때 가능한 연산이야. 똑같이 나누는 상황에서 나눗셈식을 만들고 몫을 이해할 수 있어. 이어서 곱셈과 나눗셈의 관계를 학습하면서 몫을 구하는 원리를 이해하게 될 거야. 지금부터 나눗셈의 공부를 시작해 보자!

연산력 키우기

❶ DAY		맞은 개수 / 전체 문항
월	일	13
걸린시간 분	초	14
❷ DAY		맞은 개수 / 전체 문항
월	일	13
걸린시간 분	초	14
❸ DAY		맞은 개수 / 전체 문항
월	일	17
걸린시간 분	초	18
❹ DAY		맞은 개수 / 전체 문항
월	일	15
걸린시간 분	초	16
❺ DAY		맞은 개수 / 전체 문항
월	일	23
걸린시간 분	초	24

① 나눗셈식 알아보기

- 12개를 똑같이 3묶음으로 나누면 한 묶음에 4개씩입니다.

    ➡ 나눗셈식: $12 \div 3 = 4$
       읽기: 12 나누기 3은 4와 같습니다.

- 12개를 4개씩 묶으면 3묶음이 됩니다.

    ➡ 나눗셈식: $12 \div 4 = 3$
       읽기: 12 나누기 4는 3과 같습니다.

연산 Key

나눗셈식

$12 \div 3 = 4$ — 몫

나누어지는 수   나누는 수

읽기 12 나누기 3은 4와 같습니다.

② 곱셈과 나눗셈의 관계

- 곱셈식을 2개의 나눗셈식으로 나타내기

$$3 \times 4 = 12 \begin{cases} 12 \div 3 = 4 \\ 12 \div 4 = 3 \end{cases}$$

- 나눗셈식을 2개의 곱셈식으로 나타내기

$$12 \div 3 = 4 \begin{cases} 3 \times 4 = 12 \\ 4 \times 3 = 12 \end{cases}$$

연산 Key

$$\bullet \times \blacksquare = \blacktriangle \begin{cases} \blacktriangle \div \bullet = \blacksquare \\ \blacktriangle \div \blacksquare = \bullet \end{cases}$$

$$\bigstar \div \blacktriangle = \heartsuit \begin{cases} \blacktriangle \times \heartsuit = \bigstar \\ \heartsuit \times \blacktriangle = \bigstar \end{cases}$$

③ 나눗셈의 몫을 곱셈식으로 구하기

곱셈과 나눗셈의 관계를 이용하여 몫을 구할 수 있습니다.

$$12 \div 6 = \boxed{2}$$

$$6 \times \boxed{2} = 12$$

➡ $12 \div 6$의 몫은 2입니다.

곱셈식을 보고 나눗셈식으로 나타내어 보세요.

연산 Key

$3 \times 7 = 21$ → $21 \div \boxed{3} = \boxed{7}$
→ $21 \div \boxed{7} = \boxed{3}$

❶ $4 \times 3 = 12$ → $12 \div \boxed{} = \boxed{}$
→ $12 \div \boxed{} = \boxed{}$

❷ $2 \times 4 = 8$ → $8 \div \boxed{} = \boxed{}$
→ $8 \div \boxed{} = \boxed{}$

❸ $3 \times 6 = 18$ → $18 \div \boxed{} = \boxed{}$
→ $18 \div \boxed{} = \boxed{}$

❹ $7 \times 2 = 14$ → $14 \div \boxed{} = \boxed{}$
→ $14 \div \boxed{} = \boxed{}$

❺ $8 \times 5 = 40$ → $40 \div \boxed{} = \boxed{}$
→ $40 \div \boxed{} = \boxed{}$

❻ $6 \times 4 = 24$ → $24 \div \boxed{} = \boxed{}$
→ $24 \div \boxed{} = \boxed{}$

❼ $5 \times 3 = 15$ → $15 \div \boxed{} = \boxed{}$
→ $15 \div \boxed{} = \boxed{}$

❽ $9 \times 7 = 63$ → $63 \div \boxed{} = \boxed{}$
→ $63 \div \boxed{} = \boxed{}$

❾ $4 \times 8 = 32$ → $32 \div \boxed{} = \boxed{}$
→ $32 \div \boxed{} = \boxed{}$

❿ $6 \times 5 = 30$ → $30 \div \boxed{} = \boxed{}$
→ $30 \div \boxed{} = \boxed{}$

⓫ $2 \times 8 = 16$ → $16 \div \boxed{} = \boxed{}$
→ $16 \div \boxed{} = \boxed{}$

⓬ $7 \times 6 = 42$ → $42 \div \boxed{} = \boxed{}$
→ $42 \div \boxed{} = \boxed{}$

⓭ $5 \times 9 = 45$ → $45 \div \boxed{} = \boxed{}$
→ $45 \div \boxed{} = \boxed{}$

곱셈과 나눗셈의 관계

곱셈식을 보고 나눗셈식으로 나타내어 보세요.

❶ 5 × 2 = 10 ⌐→
         └→

❷ 2 × 9 = 18 ⌐→
         └→

❸ 4 × 7 = 28 ⌐→
         └→

❹ 6 × 3 = 18 ⌐→
         └→

❺ 4 × 6 = 24 ⌐→
         └→

❻ 7 × 3 = 21 ⌐→
         └→

❼ 8 × 2 = 16 ⌐→
         └→

❽ 9 × 3 = 27 ⌐→
         └→

❾ 6 × 8 = 48 ⌐→
         └→

❿ 9 × 4 = 36 ⌐→
         └→

⓫ 7 × 5 = 35 ⌐→
         └→

⓬ 3 × 8 = 24 ⌐→
         └→

⓭ 5 × 8 = 40 ⌐→
         └→

⓮ 9 × 6 = 54 ⌐→
         └→

🐡 나눗셈식을 보고 곱셈식으로 나타내어 보세요.

연산 Key

$56 \div 8 = 7$
→ $8 \times \boxed{7} = \boxed{56}$
→ $7 \times \boxed{8} = \boxed{56}$

❶ $10 \div 5 = 2$
→ $5 \times \boxed{} = \boxed{}$
→ $2 \times \boxed{} = \boxed{}$

❼ $28 \div 7 = 4$
→ $7 \times \boxed{} = \boxed{}$
→ $4 \times \boxed{} = \boxed{}$

❷ $24 \div 6 = 4$
→ $6 \times \boxed{} = \boxed{}$
→ $4 \times \boxed{} = \boxed{}$

❽ $36 \div 4 = 9$
→ $4 \times \boxed{} = \boxed{}$
→ $9 \times \boxed{} = \boxed{}$

❸ $27 \div 3 = 9$
→ $3 \times \boxed{} = \boxed{}$
→ $9 \times \boxed{} = \boxed{}$

❾ $42 \div 7 = 6$
→ $7 \times \boxed{} = \boxed{}$
→ $6 \times \boxed{} = \boxed{}$

❹ $63 \div 9 = 7$
→ $9 \times \boxed{} = \boxed{}$
→ $7 \times \boxed{} = \boxed{}$

❿ $35 \div 5 = 7$
→ $5 \times \boxed{} = \boxed{}$
→ $7 \times \boxed{} = \boxed{}$

❺ $18 \div 2 = 9$
→ $2 \times \boxed{} = \boxed{}$
→ $9 \times \boxed{} = \boxed{}$

⓫ $40 \div 8 = 5$
→ $8 \times \boxed{} = \boxed{}$
→ $5 \times \boxed{} = \boxed{}$

⓬ $12 \div 4 = 3$
→ $4 \times \boxed{} = \boxed{}$
→ $3 \times \boxed{} = \boxed{}$

❻ $32 \div 8 = 4$
→ $8 \times \boxed{} = \boxed{}$
→ $4 \times \boxed{} = \boxed{}$

⓭ $48 \div 6 = 8$
→ $6 \times \boxed{} = \boxed{}$
→ $8 \times \boxed{} = \boxed{}$

🐡 나눗셈식을 보고 곱셈식으로 나타내어 보세요.

❶ $20 \div 5 = 4$

❷ $21 \div 7 = 3$

❸ $72 \div 8 = 9$

❹ $54 \div 9 = 6$

❺ $24 \div 8 = 3$

❻ $63 \div 7 = 9$

❼ $18 \div 9 = 2$

❽ $32 \div 4 = 8$

❾ $14 \div 7 = 2$

❿ $40 \div 5 = 8$

⓫ $48 \div 8 = 6$

⓬ $10 \div 2 = 5$

⓭ $20 \div 5 = 4$

⓮ $30 \div 6 = 5$

□안에 알맞은 수를 써넣으세요.

연산 Key

$3 \times \boxed{4} = 12$

➡ $12 \div 3 = \boxed{4}$

곱셈식을 나눗셈식으로 만들 수 있어요.

❶ $5 \times \boxed{} = 15$

➡ $15 \div 5 = \boxed{}$

❷ $6 \times \boxed{} = 54$

➡ $54 \div 6 = \boxed{}$

❸ $4 \times \boxed{} = 28$

➡ $28 \div 4 = \boxed{}$

❹ $7 \times \boxed{} = 35$

➡ $35 \div 7 = \boxed{}$

❺ $9 \times \boxed{} = 45$

➡ $45 \div 9 = \boxed{}$

❻ $8 \times \boxed{} = 56$

➡ $56 \div 8 = \boxed{}$

❼ $8 \times \boxed{} = 64$

➡ $64 \div 8 = \boxed{}$

❽ $9 \times \boxed{} = 27$

➡ $27 \div 9 = \boxed{}$

❾ $4 \times \boxed{} = 16$

➡ $16 \div 4 = \boxed{}$

❿ $3 \times \boxed{} = 21$

➡ $21 \div 3 = \boxed{}$

⓫ $8 \times \boxed{} = 24$

➡ $24 \div 8 = \boxed{}$

⓬ $6 \times \boxed{} = 36$

➡ $36 \div 6 = \boxed{}$

⓭ $5 \times \boxed{} = 40$

➡ $40 \div 5 = \boxed{}$

⓮ $3 \times \boxed{} = 15$

➡ $15 \div 3 = \boxed{}$

⓯ $7 \times \boxed{} = 42$

➡ $42 \div 7 = \boxed{}$

⓰ $7 \times \boxed{} = 63$

➡ $63 \div 7 = \boxed{}$

⓱ $4 \times \boxed{} = 36$

➡ $36 \div 4 = \boxed{}$

3 DAY 곱셈과 나눗셈의 관계

 □안에 알맞은 수를 써넣으세요.

❶ 6 × ☐ =24
➡ 24 ÷ 6 = ☐

❼ 3 × ☐ =18
➡ 18 ÷ 3 = ☐

⑬ 9 × ☐ =72
➡ 72 ÷ 9 = ☐

❷ 4 × ☐ =32
➡ 32 ÷ 4 = ☐

❽ 8 × ☐ =16
➡ 16 ÷ 8 = ☐

⑭ 9 × ☐ =81
➡ 81 ÷ 9 = ☐

❸ 9 × ☐ =54
➡ 54 ÷ 9 = ☐

❾ 5 × ☐ =30
➡ 30 ÷ 5 = ☐

⑮ 2 × ☐ =14
➡ 14 ÷ 2 = ☐

❹ 5 × ☐ =35
➡ 35 ÷ 5 = ☐

❿ 4 × ☐ =20
➡ 20 ÷ 4 = ☐

⑯ 5 × ☐ =10
➡ 10 ÷ 5 = ☐

❺ 6 × ☐ =42
➡ 42 ÷ 6 = ☐

⓫ 7 × ☐ =28
➡ 28 ÷ 7 = ☐

⑰ 6 × ☐ =12
➡ 12 ÷ 6 = ☐

❻ 2 × ☐ =18
➡ 18 ÷ 2 = ☐

⓬ 7 × ☐ =49
➡ 49 ÷ 7 = ☐

⑱ 8 × ☐ =32
➡ 32 ÷ 8 = ☐

나눗셈의 몫을 곱셈식으로 구하기

🐡 나눗셈의 몫을 곱셈식을 이용하여 구해 보세요.

연산 Key
$$12 \div 3 = \boxed{4} \leftrightarrow 3 \times \boxed{4} = 12$$
몫   곱하는 수

❶ $14 \div 2 = \boxed{} \leftrightarrow 2 \times \boxed{} = 14$

❽ $36 \div 6 = \boxed{} \leftrightarrow 6 \times \boxed{} = 36$

❷ $20 \div 4 = \boxed{} \leftrightarrow 4 \times \boxed{} = 20$

❾ $25 \div 5 = \boxed{} \leftrightarrow 5 \times \boxed{} = 25$

❸ $35 \div 7 = \boxed{} \leftrightarrow 7 \times \boxed{} = 35$

❿ $32 \div 8 = \boxed{} \leftrightarrow 8 \times \boxed{} = 32$

❹ $18 \div 9 = \boxed{} \leftrightarrow 9 \times \boxed{} = 18$

⓫ $49 \div 7 = \boxed{} \leftrightarrow 7 \times \boxed{} = 49$

❺ $28 \div 4 = \boxed{} \leftrightarrow 4 \times \boxed{} = 28$

⓬ $35 \div 5 = \boxed{} \leftrightarrow 5 \times \boxed{} = 35$

❻ $30 \div 6 = \boxed{} \leftrightarrow 6 \times \boxed{} = 30$

⓭ $54 \div 9 = \boxed{} \leftrightarrow 9 \times \boxed{} = 54$

❼ $48 \div 8 = \boxed{} \leftrightarrow 8 \times \boxed{} = 48$

⓮ $42 \div 6 = \boxed{} \leftrightarrow 6 \times \boxed{} = 42$

⓯ $63 \div 7 = \boxed{} \leftrightarrow 7 \times \boxed{} = 63$

🐟 나눗셈의 몫을 곱셈식을 이용하여 구해 보세요.

❶ $15 \div 3 = \boxed{} \leftrightarrow 3 \times \boxed{} = 15$　　　❾ $64 \div 8 = \boxed{} \leftrightarrow 8 \times \boxed{} = 64$

❷ $24 \div 8 = \boxed{} \leftrightarrow 8 \times \boxed{} = 24$　　　❿ $12 \div 6 = \boxed{} \leftrightarrow 6 \times \boxed{} = 12$

❸ $18 \div 3 = \boxed{} \leftrightarrow 3 \times \boxed{} = 18$　　　⓫ $42 \div 7 = \boxed{} \leftrightarrow 7 \times \boxed{} = 42$

❹ $16 \div 4 = \boxed{} \leftrightarrow 4 \times \boxed{} = 16$　　　⓬ $30 \div 5 = \boxed{} \leftrightarrow 5 \times \boxed{} = 30$

❺ $72 \div 8 = \boxed{} \leftrightarrow 8 \times \boxed{} = 72$　　　⓭ $28 \div 7 = \boxed{} \leftrightarrow 7 \times \boxed{} = 28$

❻ $14 \div 7 = \boxed{} \leftrightarrow 7 \times \boxed{} = 14$　　　⓮ $16 \div 2 = \boxed{} \leftrightarrow 2 \times \boxed{} = 16$

❼ $12 \div 3 = \boxed{} \leftrightarrow 3 \times \boxed{} = 12$　　　⓯ $24 \div 6 = \boxed{} \leftrightarrow 6 \times \boxed{} = 24$

❽ $21 \div 7 = \boxed{} \leftrightarrow 7 \times \boxed{} = 21$　　　⓰ $81 \div 9 = \boxed{} \leftrightarrow 9 \times \boxed{} = 81$

나눗셈식의 몫을 구할 때
필요한 곱셈식을
생각해 봐요.

나눗셈의 몫을 구해 보세요.

연산 Key

$$21 \div 7 = \boxed{3}$$
$$7 \times \boxed{3} = 21$$

❶ $15 \div 5 = \boxed{}$

❷ $56 \div 8 = \boxed{}$

❸ $18 \div 9 = \boxed{}$

❹ $25 \div 5 = \boxed{}$

❺ $42 \div 7 = \boxed{}$

❻ $8 \div 4 = \boxed{}$

❼ $18 \div 3 = \boxed{}$

❽ $12 \div 4 = \boxed{}$

❾ $63 \div 7 = \boxed{}$

❿ $54 \div 6 = \boxed{}$

⓫ $7 \div 7 = \boxed{}$

⓬ $36 \div 4 = \boxed{}$

⓭ $48 \div 6 = \boxed{}$

⓮ $72 \div 9 = \boxed{}$

⓯ $20 \div 5 = \boxed{}$

⓰ $36 \div 6 = \boxed{}$

⓱ $27 \div 3 = \boxed{}$

⓲ $40 \div 8 = \boxed{}$

⓳ $12 \div 2 = \boxed{}$

⓴ $24 \div 4 = \boxed{}$

㉑ $64 \div 8 = \boxed{}$

㉒ $6 \div 2 = \boxed{}$

㉓ $9 \div 9 = \boxed{}$

나눗셈의 몫을 곱셈식으로 구하기

 나눗셈의 몫을 구해 보세요.

❶ 16 ÷ 2 = ☐

❷ 72 ÷ 8 = ☐

❸ 21 ÷ 3 = ☐

❹ 12 ÷ 6 = ☐

❺ 36 ÷ 9 = ☐

❻ 35 ÷ 5 = ☐

❼ 24 ÷ 3 = ☐

❽ 49 ÷ 7 = ☐

❾ 27 ÷ 9 = ☐

❿ 30 ÷ 6 = ☐

⓫ 40 ÷ 5 = ☐

⓬ 45 ÷ 9 = ☐

⓭ 18 ÷ 6 = ☐

⓮ 42 ÷ 6 = ☐

⓯ 10 ÷ 2 = ☐

⓰ 35 ÷ 7 = ☐

⓱ 14 ÷ 7 = ☐

⓲ 28 ÷ 4 = ☐

⓳ 54 ÷ 9 = ☐

⓴ 10 ÷ 5 = ☐

㉑ 6 ÷ 3 = ☐

㉒ 16 ÷ 4 = ☐

㉓ 20 ÷ 4 = ☐

㉔ 63 ÷ 9 = ☐

6

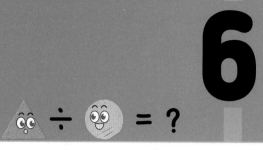

(두 자리 수)÷(한 자리 수)(2)

학습목표 나눗셈의 몫을 곱셈구구로 구하는 방법 익히기

원리 깨치기

❶ 곱셈표를 이용하여 나눗셈의 몫 구하기
❷ 곱셈구구로 나눗셈의 몫 구하기

월	일

이해!

한번 더!

곱셈은 늘어나는 연산, 나눗셈은 줄어드는 연산이라고도 해. 어려운 문제 해결도 기본적인 연산 훈련이 뒷받침되어야 하는 거 알지? 이번엔 곱셈구구를 이용하여 쉽고 빠르게 몫을 구하는 연습을 할 거야. 준비됐지? 시작해 보자!

연산력 키우기

❶ DAY		맞은 개수
		전체 문항
월	일	17
걸린시간 분	초	18

❷ DAY		맞은 개수
		전체 문항
월	일	28
걸린시간 분	초	30

❸ DAY		맞은 개수
		전체 문항
월	일	28
걸린시간 분	초	30

❹ DAY		맞은 개수
		전체 문항
월	일	28
걸린시간 분	초	30

❺ DAY		맞은 개수
		전체 문항
월	일	22
걸린시간 분	초	21

❶ 곱셈표를 이용하여 나눗셈의 몫 구하기

• 28 ÷ 7의 몫 구하기

×	1	2	3	4	5	6	7	8	9
1	1	2	3	4	5	6	7	8	9
2	2	4	6	8	10	12	14	16	18
3	3	6	9	12	15	18	21	24	27
4	4	8	12	16	20	24	28	32	36
5	5	10	15	20	25	30	35	40	45
6	6	12	18	24	30	36	42	48	54
7	7	14	21	28	35	42	49	56	63
8	8	16	24	32	40	48	56	64	72
9	9	18	27	36	45	54	63	72	81

나누는 수인 7단 곱셈구구를 이용합니다.

7단 곱셈구구에서 곱이 28이 되는 곱셈식을 찾습니다.

➡ 7 × 4 = 28

따라서 28 ÷ 7의 몫은 4입니다.

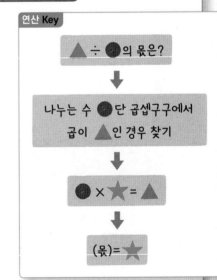

연산 Key

▲ ÷ ● 의 몫은?

↓

나누는 수 ● 단 곱셉구구에서 곱이 ▲ 인 경우 찾기

↓

● × ★ = ▲

↓

(몫) = ★

❷ 곱셈구구로 나눗셈의 몫 구하기

• 24 ÷ 3의 몫 구하기

나누는 수인 3단 곱셈구구에서 곱이 나누어지는 수인 24가 되는 곱셈식을 찾으면

3 × 8 = 24입니다. 따라서 24 ÷ 3 = 8이므로 몫은 8입니다.

• 18 ÷ 9의 몫 구하기

나누는 수인 9단 곱셈구구에서 곱이 나누어지는 수인 18이 되는 곱셈식을 찾으면

9 × 2 = 18입니다. 따라서 18 ÷ 9 = 2이므로 몫은 2입니다.

🐡 곱셈구구를 이용하여 나눗셈의 몫을 구해 보세요.

연산 Key
$16 \div 8 = \boxed{2}$
8단에서 곱이 16이 되는 경우를 찾아요.
$8 \times \boxed{2} = 16$

❶ $24 \div 4 = \boxed{}$
$4 \times \boxed{} = 24$

❷ $45 \div 9 = \boxed{}$
$9 \times \boxed{} = 45$

❸ $6 \div 2 = \boxed{}$
$2 \times \boxed{} = 6$

❹ $49 \div 7 = \boxed{}$
$7 \times \boxed{} = 49$

❺ $20 \div 5 = \boxed{}$
$5 \times \boxed{} = 20$

❻ $30 \div 5 = \boxed{}$
$5 \times \boxed{} = 30$

❼ $27 \div 9 = \boxed{}$
$9 \times \boxed{} = 27$

❽ $10 \div 5 = \boxed{}$
$5 \times \boxed{} = 10$

❾ $18 \div 9 = \boxed{}$
$9 \times \boxed{} = 18$

❿ $36 \div 4 = \boxed{}$
$4 \times \boxed{} = 36$

⓫ $10 \div 2 = \boxed{}$
$2 \times \boxed{} = 10$

⓬ $18 \div 2 = \boxed{}$
$2 \times \boxed{} = 18$

⓭ $64 \div 8 = \boxed{}$
$8 \times \boxed{} = 64$

⓮ $24 \div 6 = \boxed{}$
$6 \times \boxed{} = 24$

⓯ $21 \div 3 = \boxed{}$
$3 \times \boxed{} = 21$

⓰ $12 \div 6 = \boxed{}$
$6 \times \boxed{} = 12$

⓱ $14 \div 7 = \boxed{}$
$7 \times \boxed{} = 14$

🐡 곱셈구구를 이용하여 나눗셈의 몫을 구해 보세요.

① $72 \div 9 = \boxed{}$

$9 \times \boxed{} = 72$

② $27 \div 3 = \boxed{}$

$3 \times \boxed{} = 27$

③ $15 \div 3 = \boxed{}$

$3 \times \boxed{} = 15$

④ $48 \div 8 = \boxed{}$

$8 \times \boxed{} = 48$

⑤ $63 \div 9 = \boxed{}$

$9 \times \boxed{} = 63$

⑥ $9 \div 3 = \boxed{}$

$3 \times \boxed{} = 9$

⑦ $14 \div 2 = \boxed{}$

$2 \times \boxed{} = 14$

⑧ $32 \div 8 = \boxed{}$

$8 \times \boxed{} = 32$

⑨ $12 \div 4 = \boxed{}$

$4 \times \boxed{} = 12$

⑩ $42 \div 7 = \boxed{}$

$7 \times \boxed{} = 42$

⑪ $45 \div 5 = \boxed{}$

$5 \times \boxed{} = 45$

⑫ $36 \div 6 = \boxed{}$

$6 \times \boxed{} = 36$

⑬ $28 \div 7 = \boxed{}$

$7 \times \boxed{} = 28$

⑭ $54 \div 6 = \boxed{}$

$6 \times \boxed{} = 54$

⑮ $56 \div 8 = \boxed{}$

$8 \times \boxed{} = 56$

⑯ $24 \div 3 = \boxed{}$

$3 \times \boxed{} = 24$

⑰ $20 \div 4 = \boxed{}$

$4 \times \boxed{} = 20$

⑱ $32 \div 4 = \boxed{}$

$4 \times \boxed{} = 32$

🐧 나눗셈의 몫을 구해 보세요.

연산 Key

$21 \div 3 = 7$

➡ $3 \times 7 = 21$이므로 몫은 7이에요.

❶ $16 \div 4$

❷ $30 \div 6$

❸ $21 \div 7$

❹ $56 \div 8$

❺ $18 \div 9$

❻ $40 \div 5$

❼ $27 \div 3$

❽ $12 \div 2$

⑨ $15 \div 3$

⑩ $25 \div 5$

⑪ $28 \div 7$

⑫ $28 \div 4$

⑬ $40 \div 8$

⑭ $36 \div 9$

⑮ $24 \div 6$

⑯ $48 \div 6$

⑰ $24 \div 3$

⑱ $32 \div 4$

⑲ $12 \div 6$

⑳ $35 \div 5$

㉑ $42 \div 7$

㉒ $24 \div 8$

㉓ $54 \div 9$

㉔ $6 \div 3$

㉕ $12 \div 4$

㉖ $18 \div 2$

㉗ $20 \div 5$

㉘ $81 \div 9$

나눗셈의 몫을 곱셈구구로 구하기

나눗셈의 몫을 구해 보세요.

① $24 \div 4$

② $15 \div 5$

③ $72 \div 8$

④ $18 \div 6$

⑤ $48 \div 8$

⑥ $10 \div 5$

⑦ $36 \div 4$

⑧ $32 \div 8$

⑨ $72 \div 9$

⑩ $10 \div 2$

⑪ $21 \div 3$

⑫ $30 \div 5$

⑬ $14 \div 7$

⑭ $36 \div 6$

⑮ $45 \div 5$

⑯ $56 \div 7$

⑰ $16 \div 2$

⑱ $8 \div 4$

⑲ $32 \div 4$

⑳ $63 \div 9$

㉑ $12 \div 3$

㉒ $54 \div 6$

㉓ $49 \div 7$

㉔ $18 \div 3$

㉕ $42 \div 6$

㉖ $64 \div 8$

㉗ $27 \div 9$

㉘ $9 \div 3$

㉙ $21 \div 7$

㉚ $35 \div 7$

나눗셈의 몫을 구해 보세요.

> **연산 Key**
>
> $$24 \div 6 = 4$$
>
> ➡ 6 × 4 = 24이므로 몫은 4예요.

❶ 20 ÷ 4

❷ 63 ÷ 7

❸ 16 ÷ 8

❹ 45 ÷ 9

❺ 35 ÷ 7

❻ 21 ÷ 3

❼ 30 ÷ 6

❽ 18 ÷ 2

❾ 24 ÷ 3

❿ 45 ÷ 5

⓫ 64 ÷ 8

⓬ 81 ÷ 9

⓭ 14 ÷ 2

⓮ 28 ÷ 7

⓯ 8 ÷ 2

⓰ 20 ÷ 5

⓱ 36 ÷ 4

⓲ 40 ÷ 8

⓳ 63 ÷ 9

⓴ 12 ÷ 4

㉑ 35 ÷ 5

㉒ 15 ÷ 3

㉓ 18 ÷ 9

㉔ 42 ÷ 6

㉕ 14 ÷ 7

㉖ 28 ÷ 4

㉗ 36 ÷ 6

㉘ 24 ÷ 8

🐡 나눗셈의 몫을 구해 보세요.

❶ $8 \div 4$

⓫ $16 \div 4$

㉑ $56 \div 7$

❷ $12 \div 6$

⓬ $48 \div 6$

㉒ $24 \div 4$

❸ $18 \div 3$

⓭ $42 \div 7$

㉓ $30 \div 5$

❹ $40 \div 5$

⓮ $9 \div 3$

㉔ $32 \div 8$

❺ $16 \div 2$

⓯ $72 \div 9$

㉕ $27 \div 9$

❻ $27 \div 3$

⓰ $18 \div 6$

㉖ $54 \div 6$

❼ $48 \div 8$

⓱ $15 \div 5$

㉗ $56 \div 8$

❽ $21 \div 7$

⓲ $54 \div 9$

㉘ $32 \div 4$

❾ $36 \div 9$

⓳ $12 \div 2$

㉙ $10 \div 2$

❿ $10 \div 5$

⓴ $25 \div 5$

㉚ $72 \div 8$

🐡 나눗셈의 몫을 구해 보세요.

연산 Key

나누는 수가 커질수록

$24 \div 3 = 8$

$24 \div 6 = 4$

몫은 작아져요.

① $30 \div 5$

② $30 \div 6$

③ $18 \div 2$

④ $18 \div 6$

⑤ $20 \div 4$

⑥ $20 \div 5$

⑦ $12 \div 2$

⑧ $12 \div 4$

⑨ $10 \div 2$

⑩ $10 \div 5$

⑪ $16 \div 4$

⑫ $16 \div 8$

⑬ $24 \div 4$

⑭ $24 \div 8$

⑮ $40 \div 5$

⑯ $40 \div 8$

⑰ $14 \div 2$

⑱ $14 \div 7$

⑲ $36 \div 4$

⑳ $36 \div 6$

㉑ $48 \div 6$

㉒ $48 \div 8$

㉓ $12 \div 3$

㉔ $12 \div 6$

㉕ $18 \div 3$

㉖ $18 \div 9$

㉗ $35 \div 5$

㉘ $35 \div 7$

🐡 나눗셈의 몫을 구해 보세요.

① $32 \div 8$

② $32 \div 4$

③ $18 \div 6$

④ $18 \div 3$

⑤ $16 \div 8$

⑥ $16 \div 2$

⑦ $12 \div 6$

⑧ $12 \div 2$

⑨ $27 \div 9$

⑩ $27 \div 3$

⑪ $56 \div 8$

⑫ $56 \div 7$

⑬ $45 \div 9$

⑭ $45 \div 5$

⑮ $24 \div 8$

⑯ $24 \div 3$

⑰ $35 \div 7$

⑱ $35 \div 5$

⑲ $36 \div 9$

⑳ $36 \div 4$

㉑ $12 \div 4$

㉒ $28 \div 4$

㉓ $15 \div 5$

㉔ $45 \div 5$

㉕ $9 \div 3$

㉖ $21 \div 3$

㉗ $8 \div 8$

㉘ $72 \div 8$

㉙ $10 \div 5$

㉚ $40 \div 5$

□ 안에 알맞은 수를 써넣으세요.

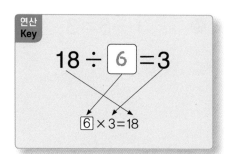

연산 Key

$18 \div \boxed{6} = 3$

$\boxed{6} \times 3 = 18$

❼ $64 \div \boxed{} = 8$

❽ $\boxed{} \div 9 = 2$

❶ $25 \div \boxed{} = 5$

❷ $12 \div \boxed{} = 4$

❸ $\boxed{} \div 2 = 6$

❹ $15 \div \boxed{} = 3$

❺ $30 \div \boxed{} = 6$

❻ $24 \div \boxed{} = 8$

❾ $45 \div \boxed{} = 5$

❿ $\boxed{} \div 7 = 9$

⓫ $24 \div \boxed{} = 6$

⓬ $56 \div \boxed{} = 8$

⓭ $14 \div \boxed{} = 7$

⓮ $\boxed{} \div 5 = 6$

⓯ $18 \div \boxed{} = 6$

⓰ $42 \div \boxed{} = 6$

⓱ $12 \div \boxed{} = 2$

⓲ $35 \div \boxed{} = 5$

⓳ $54 \div \boxed{} = 9$

⓴ $28 \div \boxed{} = 4$

㉑ $\boxed{} \div 3 = 5$

㉒ $\boxed{} \div 6 = 4$

나눗셈의 몫을 곱셈구구로 구하기

□ 안에 알맞은 수를 써넣으세요.

❶ $\boxed{} \div 6 = 8$

❷ $15 \div \boxed{} = 5$

❸ $\boxed{} \div 4 = 3$

❹ $21 \div \boxed{} = 7$

❺ $40 \div \boxed{} = 8$

❻ $\boxed{} \div 6 = 6$

❼ $28 \div \boxed{} = 7$

❽ $12 \div \boxed{} = 6$

❾ $\boxed{} \div 4 = 7$

❿ $\boxed{} \div 6 = 9$

⓫ $49 \div \boxed{} = 7$

⓬ $\boxed{} \div 9 = 4$

⓭ $63 \div \boxed{} = 9$

⓮ $\boxed{} \div 8 = 3$

⓯ $\boxed{} \div 5 = 3$

⓰ $9 \div \boxed{} = 3$

⓱ $72 \div \boxed{} = 9$

⓲ $\boxed{} \div 4 = 4$

⓳ $14 \div \boxed{} = 2$

⓴ $40 \div \boxed{} = 5$

㉑ $21 \div \boxed{} = 3$

7

$$20+20+20=2\bigcirc\times3$$
$$=6\bigcirc$$

(두 자리 수)×(한 자리 수)(1)

학습목표 1. (몇십)×(몇)의 계산 익히기
2. 올림이 없는 (두 자리 수)×(한 자리 수)의 계산 익히기

원리 깨치기

❶ (몇십)×(몇)
❷ 올림이 없는 (두 자리 수)×(한 자리 수)

월	일

이해!

한번 더!

주변에서 묶음과 같이 같은 수가 반복되는 물건의 수를 셀 때는 곱셈을 이용할 수 있어. (몇십)×(몇)부터 시작하여 (두 자리 수)×(한 자리 수)의 계산 원리를 발견하고, 반복연습으로 계산하는 방법을 익혀 보자.

연산력 키우기

❶ DAY		맞은 개수
		전체 문항
월	일	26
걸린시간 분	초	27

❷ DAY		맞은 개수
		전체 문항
월	일	17
걸린시간 분	초	27

❸ DAY		맞은 개수
		전체 문항
월	일	17
걸린시간 분	초	15

❹ DAY		맞은 개수
		전체 문항
월	일	17
걸린시간 분	초	15

❺ DAY		맞은 개수
		전체 문항
월	일	33
걸린시간 분	초	18

❶ (몇십) × (몇)

[40 × 2의 계산]

$$4 \times 2 = 8$$

10배 ↓　　10배 ↓

$$40 \times 2 = 80$$

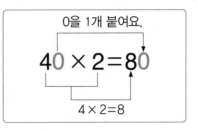

0을 1개 붙여요.

$$40 \times 2 = 80$$

$$4 \times 2 = 8$$

[70 × 5의 계산]

$$7 \times 5 = 35$$

10배 ↓　　10배 ↓

$$70 \times 5 = 350$$

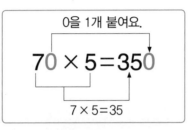

0을 1개 붙여요.

$$70 \times 5 = 350$$

$$7 \times 5 = 35$$

연산 Key

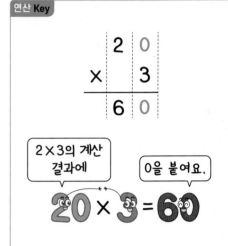

$$\begin{array}{r} 2\ 0 \\ \times\ \ \ 3 \\ \hline 6\ 0 \end{array}$$

2×3의 계산 결과에

0을 붙여요.

$$20 \times 3 = 60$$

> (몇십) × (몇)은 (몇) × (몇)을 구한 뒤에 **0**을 **1**개 붙입니다.

❷ 올림이 없는 (두 자리 수) × (한 자리 수)

[12 × 3의 계산]

2×3=6

$$12 \times 3 = 36$$

1×3=3

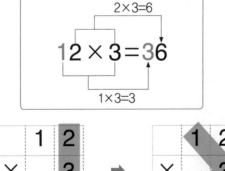

2 × 3 = 6

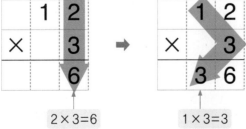

1 × 3 = 3

연산 Key

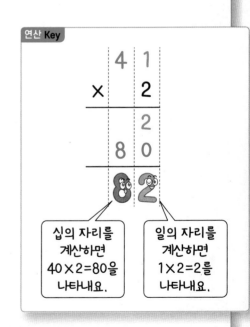

$$\begin{array}{r} 4\ 1 \\ \times\ \ \ 2 \\ \hline 2 \\ 8\ 0 \\ \hline 8\ 2 \end{array}$$

십의 자리를 계산하면 40×2=80을 나타내요.

일의 자리를 계산하면 1×2=2를 나타내요.

> 곱해지는 수의 일의 자리 수 **2**와 **3**의 곱 **6**을 일의 자리에 씁니다.
> 곱해지는 수의 십의 자리 수 **1**과 **3**의 곱 **3**을 십의 자리에 씁니다.

🐡 계산해 보세요.

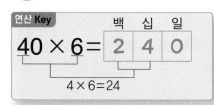
연산 Key
$40 \times 6 =$ | 백 | 십 | 일 |
| 2 | 4 | 0 |
$4 \times 6 = 24$

❶ $40 \times 2 =$

❷ $20 \times 2 =$

❸ $30 \times 3 =$

❹ $20 \times 3 =$

❺ $20 \times 4 =$

❻ $30 \times 2 =$

❼ $30 \times 4 =$

❽ $40 \times 7 =$

❾ $80 \times 2 =$

❿ $60 \times 3 =$

⓫ $20 \times 7 =$

⓬ $30 \times 5 =$

⓭ $20 \times 8 =$

⓮ $50 \times 4 =$

⓯ $30 \times 6 =$

⓰ $80 \times 3 =$

⓱ $50 \times 2 =$

⓲ $60 \times 6 =$

⓳ $20 \times 5 =$

⓴ $40 \times 4 =$

㉑ $80 \times 6 =$

㉒ $70 \times 5 =$

㉓ $60 \times 4 =$

㉔ $40 \times 5 =$

㉕ $20 \times 9 =$

㉖ $90 \times 3 =$

🐡 계산해 보세요.

① 20 × 8

② 40 × 8

③ 30 × 6

④ 70 × 6

⑤ 80 × 5

⑥ 90 × 6

⑦ 20 × 6

⑧ 30 × 8

⑨ 50 × 5

⑩ 50 × 4

⑪ 90 × 4

⑫ 20 × 7

⑬ 50 × 6

⑭ 60 × 4

⑮ 60 × 6

⑯ 50 × 8

⑰ 70 × 4

⑱ 60 × 7

⑲ 30 × 7

⑳ 30 × 4

㉑ 80 × 4

㉒ 30 × 5

㉓ 40 × 7

㉔ 90 × 5

㉕ 90 × 9

㉖ 40 × 9

㉗ 80 × 7

계산해 보세요.

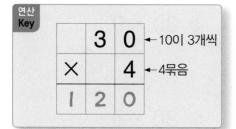

연산 Key

	3	0
×		4
1	2	0

← 10이 3개씩
← 4묶음

❶
	2	0
×		4

❷
	3	0
×		3

❸
	4	0
×		5

❹
	4	0
×		6

❺
	5	0
×		3

❻
	6	0
×		3

❼
	7	0
×		2

❽
	7	0
×		5

❾
	8	0
×		4

❿
	8	0
×		6

⓫
	9	0
×		2

⓬
	2	0
×		8

⓭
	3	0
×		7

⓮
	4	0
×		9

⓯
	5	0
×		6

⓰
	6	0
×		8

⓱
	7	0
×		6

🐡 계산해 보세요.

❶ 90 × 8

❷ 90 × 5

❸ 90 × 4

❹ 80 × 9

❺ 80 × 7

❻ 80 × 3

❼ 70 × 8

❽ 70 × 5

❾ 70 × 2

⑩ 60 × 9

⑪ 60 × 8

⑫ 60 × 4

⑬ 50 × 7

⑭ 50 × 6

⑮ 50 × 2

⑯ 40 × 9

⑰ 40 × 7

⑱ 40 × 6

⑲ 30 × 9

⑳ 30 × 8

㉑ 30 × 7

㉒ 30 × 6

㉓ 30 × 2

㉔ 20 × 9

㉕ 20 × 8

㉖ 20 × 6

㉗ 20 × 4

두 자리 수를 십의 자리 수와
일의 자리 수로 나누어
각각 한 자리 수를 곱해요.

😊 계산해 보세요.

연산 Key

$$\begin{array}{r} 1\ 2 \\ \times\quad\ \ 3 \\ \hline 3\ 6 \end{array}$$

$1 \times 3 = 3$ ⌐　└ $2 \times 3 = 6$

❶
$$\begin{array}{r} 1\ 4 \\ \times\quad\ \ 2 \\ \hline \end{array}$$

❷
$$\begin{array}{r} 2\ 3 \\ \times\quad\ \ 3 \\ \hline \end{array}$$

❸
$$\begin{array}{r} 2\ 4 \\ \times\quad\ \ 2 \\ \hline \end{array}$$

❹
$$\begin{array}{r} 1\ 1 \\ \times\quad\ \ 6 \\ \hline \end{array}$$

❺
$$\begin{array}{r} 3\ 2 \\ \times\quad\ \ 2 \\ \hline \end{array}$$

❻
$$\begin{array}{r} 4\ 2 \\ \times\quad\ \ 2 \\ \hline \end{array}$$

❼
$$\begin{array}{r} 2\ 1 \\ \times\quad\ \ 4 \\ \hline \end{array}$$

❽
$$\begin{array}{r} 3\ 3 \\ \times\quad\ \ 3 \\ \hline \end{array}$$

❾
$$\begin{array}{r} 1\ 3 \\ \times\quad\ \ 2 \\ \hline \end{array}$$

❿
$$\begin{array}{r} 4\ 4 \\ \times\quad\ \ 2 \\ \hline \end{array}$$

⓫
$$\begin{array}{r} 2\ 1 \\ \times\quad\ \ 3 \\ \hline \end{array}$$

⓬
$$\begin{array}{r} 5\ 6 \\ \times\quad\ \ 1 \\ \hline \end{array}$$

⓭
$$\begin{array}{r} 3\ 1 \\ \times\quad\ \ 3 \\ \hline \end{array}$$

⓮
$$\begin{array}{r} 2\ 2 \\ \times\quad\ \ 2 \\ \hline \end{array}$$

⓯
$$\begin{array}{r} 4\ 3 \\ \times\quad\ \ 2 \\ \hline \end{array}$$

⓰
$$\begin{array}{r} 1\ 1 \\ \times\quad\ \ 5 \\ \hline \end{array}$$

⓱
$$\begin{array}{r} 3\ 4 \\ \times\quad\ \ 2 \\ \hline \end{array}$$

올림이 없는 (두 자리 수)x(한 자리 수)

 계산해 보세요.

❶ 12 × 3

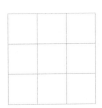

❻ 31 × 2

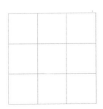

⑪ 22 × 2

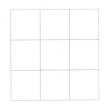

❷ 12 × 4

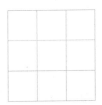

❼ 23 × 2

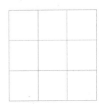

⑫ 11 × 9

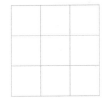

❸ 11 × 8

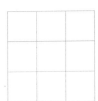

❽ 32 × 3

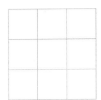

⑬ 12 × 2

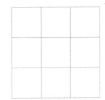

❹ 21 × 2

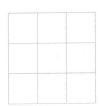

❾ 31 × 3

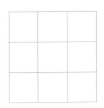

⑭ 13 × 3

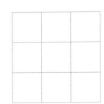

❺ 22 × 4

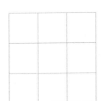

❿ 41 × 2

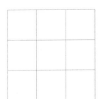

⑮ 33 × 2

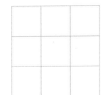

🐡 계산해 보세요.

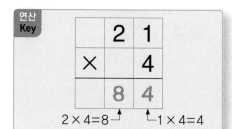

연산 Key

2×4=8 ⌐ └1×4=4

❶

	3	2
×		2

❷

	1	1
×		7

❸

	3	4
×		2

❹

	4	0
×		2

❺

	1	0
×		8

❻

	4	1
×		2

❼

	3	3
×		2

❽

	2	2
×		3

❾

	3	1
×		3

❿

	1	3
×		3

⓫

	1	4
×		2

⓬

	2	4
×		2

⓭

	1	1
×		3

⓮

	2	0
×		4

⓯

	1	0
×		5

⓰

	4	2
×		2

⓱

	2	2
×		4

4 **DAY**

올림이 없는 (두 자리 수)×(한 자리 수)

 계산해 보세요.

❶ 35 × 1
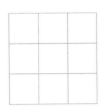

❷ 22 × 2
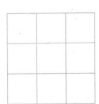

❸ 11 × 4

❹ 24 × 2
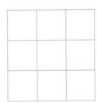

❺ 14 × 2
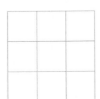

❻ 20 × 2
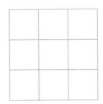

❼ 10 × 7
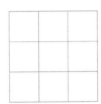

❽ 48 × 1
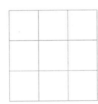

❾ 10 × 9
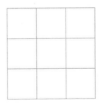

❿ 34 × 2
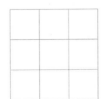

⓫ 41 × 2
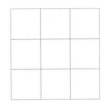

⓬ 31 × 3
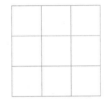

⓭ 13 × 3
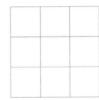

⓮ 43 × 2
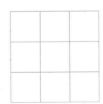

⓯ 23 × 3
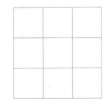

곱해지는 수는 같고 곱하는 수가 변할 때 곱은 어떤 규칙이 있는지 찾아보세요.

🐡 계산해 보세요.

연산 Key

$40 \times 1 = 40$

$40 \times 2 = 80$

$40 \times 3 = 120$

곱하는 수가 1씩 커지면 곱은 40씩 커져요.

⑩ 10×7

⑪ 10×8

⑫ 10×9

㉒ 21×4

㉓ 21×3

㉔ 21×2

❶ 22×1

❷ 22×2

❸ 22×3

⑬ 12×2

⑭ 12×3

⑮ 12×4

㉕ 40×6

㉖ 40×5

㉗ 40×4

❹ 11×3

❺ 11×4

❻ 11×5

⑯ 42×0

⑰ 42×1

⑱ 42×2

㉘ 23×3

㉙ 23×2

㉚ 23×1

❼ 32×1

❽ 32×2

❾ 32×3

⑲ 30×1

⑳ 30×2

㉑ 30×3

㉛ 11×9

㉜ 11×7

㉝ 11×5

올림이 없는 (두 자리 수)×(한 자리 수)

🐡 □안에 알맞은 수를 써넣으세요.

❶
$$\begin{array}{r} 1\ \square \\ \times\quad 3 \\ \hline 3\ 6 \end{array}$$

❷
$$\begin{array}{r} 2\ \square \\ \times\quad 2 \\ \hline 4\ 6 \end{array}$$

❸
$$\begin{array}{r} 1\ 3 \\ \times\quad \square \\ \hline 2\ 6 \end{array}$$

❹
$$\begin{array}{r} 1\ \square \\ \times\quad 2 \\ \hline 2\ 8 \end{array}$$

❺
$$\begin{array}{r} 2\ 1 \\ \times\quad \square \\ \hline 8\ 4 \end{array}$$

❻
$$\begin{array}{r} 1\ 1 \\ \times\quad \square \\ \hline 5\ 5 \end{array}$$

❼
$$\begin{array}{r} 3\ \square \\ \times\quad 3 \\ \hline 9\ 6 \end{array}$$

❽
$$\begin{array}{r} \square\ 1 \\ \times\quad 2 \\ \hline 6\ 2 \end{array}$$

❾
$$\begin{array}{r} 3\ \square \\ \times\quad 2 \\ \hline 6\ 8 \end{array}$$

❿
$$\begin{array}{r} 2\ 2 \\ \times\quad \square \\ \hline 4\ 4 \end{array}$$

⓫
$$\begin{array}{r} \square\ 3 \\ \times\quad 2 \\ \hline 4\ 6 \end{array}$$

⓬
$$\begin{array}{r} 1\ 2 \\ \times\quad \square \\ \hline 4\ 8 \end{array}$$

⓭
$$\begin{array}{r} \square\ 3 \\ \times\quad 3 \\ \hline 9\ 9 \end{array}$$

⓮
$$\begin{array}{r} 1\ \square \\ \times\quad 8 \\ \hline 8\ 8 \end{array}$$

⓯
$$\begin{array}{r} 3\ 2 \\ \times\quad \square \\ \hline 6\ 4 \end{array}$$

⓰
$$\begin{array}{r} 4\ 1 \\ \times\quad \square \\ \hline \square\ 2 \end{array}$$

⓱
$$\begin{array}{r} 4\ \square \\ \times\quad 2 \\ \hline 8\ 6 \end{array}$$

⓲
$$\begin{array}{r} 2\ 1 \\ \times\quad \square \\ \hline \square\ 3 \end{array}$$

8

백 십 일

(두 자리 수)×(한 자리 수)(2)

학습목표 십의 자리에서 올림이 있는 (두 자리 수)×(한 자리 수)의 계산 익히기

원리 깨치기

❶ 십의 자리에서 올림이 있는 (두 자리 수)
　×(한 자리 수)의 계산 원리
❷ 십의 자리에서 올림이 있는 (두 자리 수)
　×(한 자리 수)의 계산 방법

월	일
이해 !	한번 더 !

덧셈에서 받아올림을 하듯이 곱셈
에서도 올림이 있는 계산이 있어.
이번에는 십의 자리에서 올림이 있
으면 백의 자리에 올림한 수를 쓰는
거를 배울 거야. 어렵지 않으니 충
분히 연습해서 만점왕이 되어 보렴.

연산력 키우기

❶ DAY	맞은 개수 / 전체 문항
월　　　일	8
🕐걸린시간　분　　　초	9

❷ DAY	맞은 개수 / 전체 문항
월　　　일	14
🕐걸린시간　분　　　초	15

❸ DAY	맞은 개수 / 전체 문항
월　　　일	17
🕐걸린시간　분　　　초	15

❹ DAY	맞은 개수 / 전체 문항
월　　　일	17
🕐걸린시간　분　　　초	15

❺ DAY	맞은 개수 / 전체 문항
월　　　일	17
🕐걸린시간　분　　　초	27

➊ 십의 자리에서 올림이 있는 (두 자리 수) × (한 자리 수)의 계산 원리

[32 × 4의 계산]

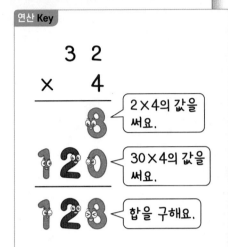

일 모형의 수를 곱셈식으로 나타내면 2 × 4 = 8이고,
십 모형의 수를 곱셈식으로 나타내면 30 × 4 = 120입니다.
따라서 8 + 120 = 128입니다.

➋ 십의 자리에서 올림이 있는 (두 자리 수) × (한 자리 수)의 계산 방법

[53 × 3의 계산]

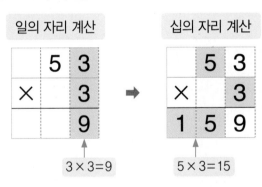

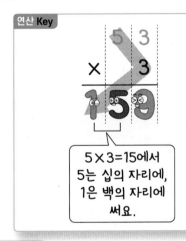

곱해지는 수의 일의 자리 수 3과 3의 곱 9를 일의 자리에 씁니다.
곱해지는 수의 십의 자리 수 5와 3을 곱한 값 15에서 5는 십의
자리에 쓰고, 1은 백의 자리에 써서 159로 계산합니다.

□ 안에 알맞은 수를 써넣으세요.

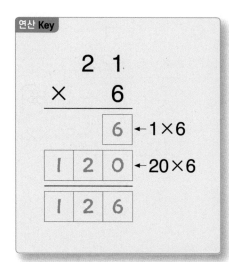

연산 Key

$$
\begin{array}{r}
2\ 1 \\
\times\ \ \ 6 \\
\hline
6 \quad \leftarrow 1\times6 \\
1\ 2\ 0 \quad \leftarrow 20\times6 \\
\hline
1\ 2\ 6
\end{array}
$$

❸
$$
\begin{array}{r}
9\ 3 \\
\times\ \ 2 \\
\hline
\square \quad \leftarrow 3\times2 \\
\square\ \square \quad \leftarrow 90\times2 \\
\hline
\square\ \square
\end{array}
$$

❻
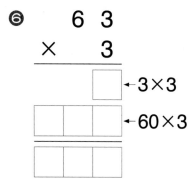
$$
\begin{array}{r}
6\ 3 \\
\times\ \ 3 \\
\hline
\square \quad \leftarrow 3\times3 \\
\square\ \square \quad \leftarrow 60\times3 \\
\hline
\square\ \square
\end{array}
$$

❶
$$
\begin{array}{r}
8\ 4 \\
\times\ \ 2 \\
\hline
\square \quad \leftarrow 4\times2 \\
\square\ \square \quad \leftarrow 80\times2 \\
\hline
\square\ \square
\end{array}
$$

❹
$$
\begin{array}{r}
4\ 2 \\
\times\ \ 3 \\
\hline
\square \quad \leftarrow 2\times3 \\
\square\ \square \quad \leftarrow 40\times3 \\
\hline
\square\ \square
\end{array}
$$

❼
$$
\begin{array}{r}
3\ 2 \\
\times\ \ 4 \\
\hline
\square \quad \leftarrow 2\times4 \\
\square\ \square \quad \leftarrow 30\times4 \\
\hline
\square\ \square
\end{array}
$$

❷
$$
\begin{array}{r}
3\ 1 \\
\times\ \ 7 \\
\hline
\square \quad \leftarrow 1\times7 \\
\square\ \square \quad \leftarrow 30\times7 \\
\hline
\square\ \square
\end{array}
$$

❺
$$
\begin{array}{r}
4\ 1 \\
\times\ \ 8 \\
\hline
\square \quad \leftarrow 1\times8 \\
\square\ \square \quad \leftarrow 40\times8 \\
\hline
\square\ \square
\end{array}
$$

❽
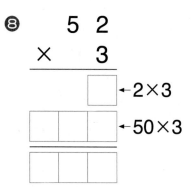
$$
\begin{array}{r}
5\ 2 \\
\times\ \ 3 \\
\hline
\square \quad \leftarrow 2\times3 \\
\square\ \square \quad \leftarrow 50\times3 \\
\hline
\square\ \square
\end{array}
$$

십의 자리에서 올림이 있는 (두 자리 수)×(한 자리 수)

☐ 안에 알맞은 수를 써넣으세요.

❶
```
    8 2
  ×   2
```
☐ ←2×2
☐☐☐ ←80×2
☐☐☐

❹
```
    5 3
  ×   2
```
☐ ←3×2
☐☐☐ ←50×2
☐☐☐

❼
```
    9 1
  ×   2
```
☐ ←1×2
☐☐☐ ←90×2
☐☐☐

❷
```
    4 1
  ×   4
```
☐ ←1×4
☐☐☐ ←40×4
☐☐☐

❺
```
    7 3
  ×   3
```
☐ ←3×3
☐☐☐ ←70×3
☐☐☐

❽
```
    6 2
  ×   3
```
☐ ←2×3
☐☐☐ ←60×3
☐☐☐

❸
```
    2 1
  ×   8
```
☐ ←1×8
☐☐☐ ←20×8
☐☐☐

❻
```
    8 1
  ×   5
```
☐ ←1×5
☐☐☐ ←80×5
☐☐☐

❾
```
    5 1
  ×   9
```
☐ ←1×9
☐☐☐ ←50×9
☐☐☐

연산력
키우기

2
DAY

십의 자리에서 올림이 있는
(두 자리 수)×(한 자리 수)

일의 자리를 계산한 결과와
십의 자리를 계산한
결과를 더해요.

🐡 계산해 보세요.

연산
Key

```
          2  1
     ×       9
             9  ← 1 × 9
    1  8  0     ← 20 × 9
    1  8  9
```

❺
```
       6  1
  ×       4
```

❿
```
       8  2
  ×       4
```

❶
```
       3  1
  ×       5
```

❻
```
       6  2
  ×       4
```

⓫
```
       8  3
  ×       3
```

❷
```
       4  3
  ×       3
```

❼
```
       7  1
  ×       6
```

⓬
```
       8  4
  ×       2
```

❸
```
       5  1
  ×       8
```

❽
```
       7  3
  ×       2
```

⓭
```
       9  2
  ×       4
```

❹
```
       5  2
  ×       2
```

❾
```
       8  1
  ×       7
```

⓮
```
       9  3
  ×       2
```

십의 자리에서 올림이 있는 (두 자리 수)×(한 자리 수)

🐡 계산해 보세요.

❶
```
    4 1
×     9
```

❻
```
    6 1
×     8
```

⓫
```
    5 2
×     4
```

❷
```
    5 1
×     6
```

❼
```
    9 1
×     9
```

⓬
```
    7 1
×     4
```

❸
```
    6 3
×     2
```

❽
```
    7 1
×     8
```

⓭
```
    8 2
×     3
```

❹
```
    7 4
×     2
```

❾
```
    5 2
×     3
```

⓮
```
    8 1
×     4
```

❺
```
    3 1
×     9
```

❿
```
    5 1
×     7
```

⓯
```
    9 2
×     3
```

🐡 계산해 보세요.

연산 Key

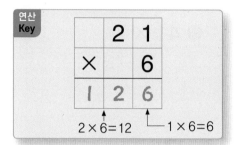

$$
\begin{array}{r} 2\ 1 \\ \times\ \ \ 6 \\ \hline 1\ 2\ 6 \end{array}
$$

2×6=12 ← 1×6=6

❶
$$
\begin{array}{r} 9\ 3 \\ \times\ \ \ 3 \\ \hline \end{array}
$$

❷
$$
\begin{array}{r} 5\ 4 \\ \times\ \ \ 2 \\ \hline \end{array}
$$

❸
$$
\begin{array}{r} 7\ 1 \\ \times\ \ \ 7 \\ \hline \end{array}
$$

❹
$$
\begin{array}{r} 6\ 3 \\ \times\ \ \ 2 \\ \hline \end{array}
$$

❺
$$
\begin{array}{r} 8\ 3 \\ \times\ \ \ 3 \\ \hline \end{array}
$$

❻
$$
\begin{array}{r} 7\ 2 \\ \times\ \ \ 3 \\ \hline \end{array}
$$

❼
$$
\begin{array}{r} 6\ 2 \\ \times\ \ \ 4 \\ \hline \end{array}
$$

❽
$$
\begin{array}{r} 3\ 2 \\ \times\ \ \ 4 \\ \hline \end{array}
$$

❾
$$
\begin{array}{r} 4\ 1 \\ \times\ \ \ 8 \\ \hline \end{array}
$$

❿
$$
\begin{array}{r} 5\ 2 \\ \times\ \ \ 3 \\ \hline \end{array}
$$

⓫
$$
\begin{array}{r} 8\ 1 \\ \times\ \ \ 9 \\ \hline \end{array}
$$

⓬
$$
\begin{array}{r} 6\ 4 \\ \times\ \ \ 2 \\ \hline \end{array}
$$

⓭
$$
\begin{array}{r} 3\ 1 \\ \times\ \ \ 6 \\ \hline \end{array}
$$

⓮
$$
\begin{array}{r} 4\ 3 \\ \times\ \ \ 3 \\ \hline \end{array}
$$

⓯
$$
\begin{array}{r} 9\ 1 \\ \times\ \ \ 7 \\ \hline \end{array}
$$

⓰
$$
\begin{array}{r} 8\ 2 \\ \times\ \ \ 2 \\ \hline \end{array}
$$

⓱
$$
\begin{array}{r} 4\ 1 \\ \times\ \ \ 5 \\ \hline \end{array}
$$

십의 자리에서 올림이 있는 (두 자리 수)×(한 자리 수)

 가로셈을 세로셈으로 계산해 보세요.

① 21 × 5

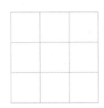

② 31 × 9

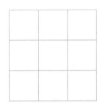

③ 73 × 3

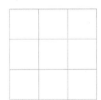

④ 94 × 2

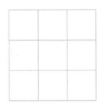

⑤ 62 × 2

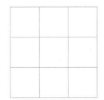

⑥ 21 × 9

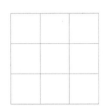

⑦ 53 × 3

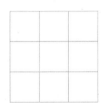

⑧ 81 × 6

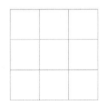

⑨ 91 × 8

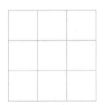

⑩ 51 × 3

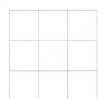

⑪ 41 × 7

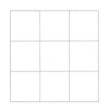

⑫ 61 × 5

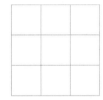

⑬ 92 × 2

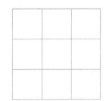

⑭ 82 × 3

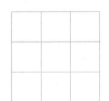

⑮ 71 × 9

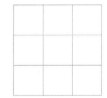

계산해 보세요.

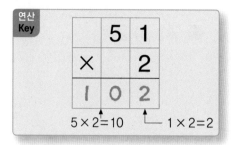

연산 Key

```
    5 1
×     2
1 0 2
```
5×2=10   1×2=2

❶
```
    7 2
×     2
```

❷
```
    6 1
×     6
```

❸
```
    8 3
×     2
```

❹
```
    4 1
×     5
```

❺
```
    4 2
×     4
```

❻
```
    3 1
×     4
```

❼
```
    2 1
×     8
```

❽
```
    5 1
×     4
```

❾
```
    5 4
×     2
```

❿
```
    6 3
×     2
```

⓫
```
    6 3
×     3
```

⓬
```
    7 1
×     5
```

⓭
```
    7 1
×     6
```

⓮
```
    8 2
×     2
```

⓯
```
    8 1
×     8
```

⓰
```
    9 1
×     4
```

⓱
```
    9 3
×     2
```

4 DAY 십의 자리에서 올림이 있는 (두 자리 수)x(한 자리 수)

 가로셈을 세로셈으로 계산해 보세요.

❶ 91 × 7

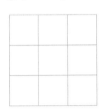

❻ 83 × 3

❶ 71 × 2

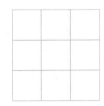

❷ 64 × 2

❼ 51 × 8

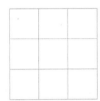

⓬ 41 × 3

❸ 32 × 4

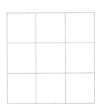

❽ 21 × 7

⓭ 93 × 3

❹ 84 × 2

❾ 73 × 2

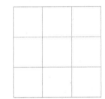

⓮ 61 × 8

❺ 53 × 2

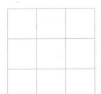

❿ 43 × 3

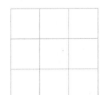

⓯ 31 × 5

십의 자리에서 올림이 있는 (두 자리 수)×(한 자리 수)

계산 결과도 일, 십, 백의 자리에 맞추어 바르게 쓰는 연습을 해요.

계산해 보세요.

연산 Key

백	십	일
	6	1
×		9
5	4	9

십의 자리에서 올림한 수는 백의 자리에 써요.

⑥ 21×6

⑫ 31×8

① 42×3

⑦ 51×6

⑬ 62×4

② 71×3

⑧ 82×4

⑭ 91×3

③ 41×4

⑨ 52×2

⑮ 61×7

④ 72×3

⑩ 81×9

⑯ 92×4

⑤ 54×2

⑪ 41×8

⑰ 62×3

십의 자리에서 올림이 있는 (두 자리 수)×(한 자리 수)

🐡 계산해 보세요.

❶ 31×7

❷ 52×4

❸ 83×2

❹ 53×3

❺ 81×7

❻ 82×2

❼ 91×9

❽ 31×6

❾ 72×4

⑩ 41×9

⑪ 71×6

⑫ 61×4

⑬ 93×2

⑭ 61×3

⑮ 54×2

⑯ 41×6

⑰ 94×2

⑱ 81×5

⑲ 43×3

⑳ 92×3

㉑ 51×5

㉒ 93×3

㉓ 51×9

㉔ 61×2

㉕ 71×4

㉖ 74×2

㉗ 42×3

(두 자리 수)×(한 자리 수)(3)

올려

일의 자리에서 올림이 있는 (두 자리 수)×(한 자리 수)의 계산 익히기

원리 깨치기

❶ 일의 자리에서 올림이 있는 (두 자리 수)
　×(한 자리 수)의 계산 원리
❷ 일의 자리에서 올림이 있는 (두 자리 수)
　×(한 자리 수)의 계산 방법

월	일

 이해 !
 한번 더 !

지난 차시에서 십의 자리 계산에서 올림이 있으면 백의 자리에 올림한 수를 쓰는 거 기억나지? 이번에는 일의 자리 계산에서 올림이 있으면 십의 자리에 올려 주고 올림한 수를 빠트리지 않고 반드시 계산하는 거를 훈련할 거야. 자 모두 집중해서 풀어 보자.

연산력 키우기

❶ DAY		맞은 개수 / 전체 문항
월	일	11
걸린 시간	분 　 초	12

❷ DAY		맞은 개수 / 전체 문항
월	일	14
걸린 시간	분 　 초	15

❸ DAY		맞은 개수 / 전체 문항
월	일	17
걸린 시간	분 　 초	15

❹ DAY		맞은 개수 / 전체 문항
월	일	17
걸린 시간	분 　 초	15

❺ DAY		맞은 개수 / 전체 문항
월	일	17
걸린 시간	분 　 초	27

❶ **일의 자리에서 올림이 있는 (두 자리 수) × (한 자리 수)의 계산 원리**

[18 × 3의 계산]

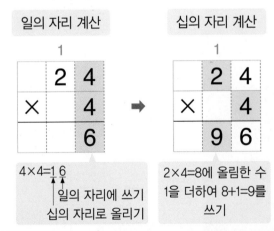

		1	8
	×		3
		2	4
		3	0
		5	4

8 × 3 = 24

10 × 3 = 30

연산 Key

		1	8
	×		3

24 ← 8 × 3의 값을 써요.

30 ← 10 × 3의 값을 써요.

54 ← 합을 구해요.

일 모형의 수를 곱셈식으로 나타내면 8 × 3 = 24이고,
십 모형의 수를 곱셈식으로 나타내면 10 × 3 = 30입니다.
따라서 24 + 30 = 54입니다.

❷ **일의 자리에서 올림이 있는 (두 자리 수) × (한 자리 수)의 계산 방법**

[24 × 4의 계산]

일의 자리 계산   십의 자리 계산

```
    1                       1
  2 4                     2 4
× 　 4         ➡       × 　 4
    6                   9 6
```

4 × 4 = 1 6
↑↑
일의 자리에 쓰기
십의 자리로 올리기

2 × 4 = 8에 올림한 수
1을 더하여 8 + 1 = 9를
쓰기

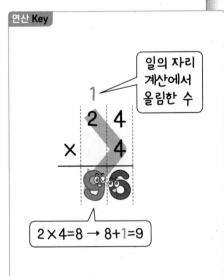

연산 Key

```
    1                  ← 일의 자리
  2 4                     계산에서
× 　 4                    올림한 수
  9 6
```

2 × 4 = 8 → 8 + 1 = 9

곱해지는 수의 일의 자리 수 4와 4의 곱 16에서 6은
일의 자리에 쓰고 십의 자리 숫자 1을 올림하여 씁니다.
곱해지는 수의 십의 자리 수 2와 4의 곱 8과 올림한
수 1을 더하여 십의 자리에 9를 씁니다.

연산력 키우기

1 DAY

일의 자리에서 올림이 있는
(두 자리 수)×(한 자리 수)

곱해지는 두 자리 수를
십의 자리 수와 일의 자리 수로
갈라서 계산해 보아요.

 □ 안에 알맞은 수를 써넣으세요.

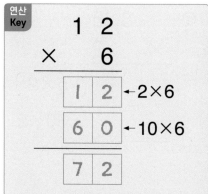

연산 Key

$$\begin{array}{r} 1\ 2 \\ \times\quad 6 \end{array}$$

1	2	←2×6
6	0	←10×6
7	2	

❶
$$\begin{array}{r} 2\ 3 \\ \times\quad 4 \end{array}$$
←3×4
←20×4

❷
$$\begin{array}{r} 1\ 7 \\ \times\quad 2 \end{array}$$
←7×2
←10×2

❸
$$\begin{array}{r} 3\ 9 \\ \times\quad 2 \end{array}$$
←9×2
←30×2

❹
$$\begin{array}{r} 1\ 4 \\ \times\quad 4 \end{array}$$
←4×4
←10×4

❺
$$\begin{array}{r} 2\ 7 \\ \times\quad 2 \end{array}$$
←7×2
←20×2

❻
$$\begin{array}{r} 1\ 5 \\ \times\quad 3 \end{array}$$
←5×3
←10×3

❼
$$\begin{array}{r} 1\ 8 \\ \times\quad 5 \end{array}$$
←8×5
←10×5

❽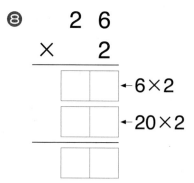
$$\begin{array}{r} 2\ 6 \\ \times\quad 2 \end{array}$$
←6×2
←20×2

❾
$$\begin{array}{r} 4\ 5 \\ \times\quad 2 \end{array}$$
←5×2
←40×2

❿
$$\begin{array}{r} 1\ 7 \\ \times\quad 5 \end{array}$$
←7×5
←10×5

⓫
$$\begin{array}{r} 2\ 4 \\ \times\quad 4 \end{array}$$
←4×4
←20×4

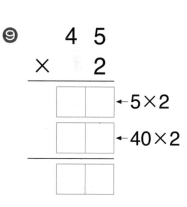
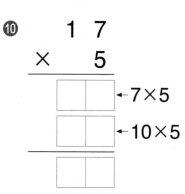
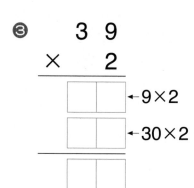
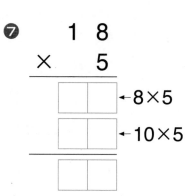
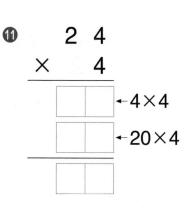

안에 알맞은 수를 써넣으세요.

❶
```
    1 2
  ×   8
```
←2×8
←10×8

❺
```
    1 3
  ×   7
```
←3×7
←10×7

❾
```
    3 5
  ×   2
```
←5×2
←30×2

❷
```
    1 6
  ×   4
```
←6×4
←10×4

❻
```
    2 4
  ×   3
```
←4×3
←20×3

❿
```
    1 6
  ×   6
```
←6×6
←10×6

❸
```
    1 9
  ×   3
```
←9×3
←10×3

❼
```
    1 5
  ×   6
```
←5×6
←10×6

⓫
```
    4 6
  ×   2
```
←6×2
←40×2

❹
```
    2 8
  ×   2
```
←8×2
←20×2

❽
```
    2 9
  ×   2
```
←9×2
←20×2

⓬
```
    2 9
  ×   3
```
←9×3
←20×3

연산력 키우기 2 DAY

일의 자리에서 올림이 있는 (두 자리 수)×(한 자리 수)

일의 자리를 계산한 결과와 십의 자리를 계산한 결과를 더해요.

계산해 보세요.

연산 Key

	3	8	
×		2	
	1	6	←8×2
	6	0	←30×2
	7	6	

❶

	1	3
×		6

❷

	1	7
×		4

❸

	2	5
×		3

❹

	1	4
×		7

❺

	4	7
×		2

❻

	1	9
×		5

❼

	2	6
×		3

❽

	1	5
×		4

❾

	1	2
×		5

❿

	3	7
×		2

⓫

	1	8
×		4

⓬

	1	6
×		5

⓭

	2	4
×		3

⓮

	4	8
×		2

계산해 보세요.

❶
```
    4 6
 ×    2
```

❷
```
    1 4
 ×    5
```

❸
```
    3 6
 ×    2
```

❹
```
    2 8
 ×    3
```

❺
```
    1 9
 ×    4
```

❻
```
    1 2
 ×    7
```

❼
```
    1 7
 ×    3
```

❽
```
    1 5
 ×    2
```

❾
```
    1 6
 ×    3
```

❿
```
    2 6
 ×    2
```

⓫
```
    1 3
 ×    4
```

⓬
```
    1 4
 ×    6
```

⓭
```
    2 4
 ×    4
```

⓮
```
    1 3
 ×    5
```

⓯
```
    2 7
 ×    2
```

일의 자리에서 올림이 있는
(두 자리 수)×(한 자리 수)

일의 자리에서 올림한 수를
십의 자리 위에 작게 써요.

😊 계산해 보세요.

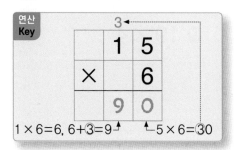

연산 Key

$$\begin{array}{r} 3 \\ 1\ 5 \\ \times\quad 6 \\ \hline 9\ 0 \end{array}$$

1×6=6, 6+3=9   5×6=30

❶
$$\begin{array}{r} 1\ 2 \\ \times\quad 6 \\ \hline \end{array}$$

❷
$$\begin{array}{r} 1\ 7 \\ \times\quad 2 \\ \hline \end{array}$$

❸
$$\begin{array}{r} 1\ 5 \\ \times\quad 3 \\ \hline \end{array}$$

❹
$$\begin{array}{r} 2\ 5 \\ \times\quad 2 \\ \hline \end{array}$$

❺
$$\begin{array}{r} 1\ 8 \\ \times\quad 5 \\ \hline \end{array}$$

❻
$$\begin{array}{r} 3\ 9 \\ \times\quad 2 \\ \hline \end{array}$$

❼
$$\begin{array}{r} 2\ 7 \\ \times\quad 3 \\ \hline \end{array}$$

❽
$$\begin{array}{r} 3\ 5 \\ \times\quad 2 \\ \hline \end{array}$$

❾
$$\begin{array}{r} 1\ 7 \\ \times\quad 5 \\ \hline \end{array}$$

❿
$$\begin{array}{r} 1\ 6 \\ \times\quad 6 \\ \hline \end{array}$$

⓫
$$\begin{array}{r} 1\ 4 \\ \times\quad 4 \\ \hline \end{array}$$

⓬
$$\begin{array}{r} 2\ 8 \\ \times\quad 2 \\ \hline \end{array}$$

⓭
$$\begin{array}{r} 1\ 6 \\ \times\quad 4 \\ \hline \end{array}$$

⓮
$$\begin{array}{r} 2\ 4 \\ \times\quad 3 \\ \hline \end{array}$$

⓯
$$\begin{array}{r} 2\ 9 \\ \times\quad 2 \\ \hline \end{array}$$

⓰
$$\begin{array}{r} 4\ 5 \\ \times\quad 2 \\ \hline \end{array}$$

⓱
$$\begin{array}{r} 3\ 8 \\ \times\quad 2 \\ \hline \end{array}$$

🐡 가로셈을 세로셈으로 계산해 보세요.

❶ 12 × 8

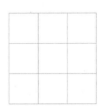

❷ 13 × 7

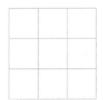

❸ 14 × 3

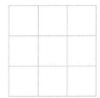

❹ 15 × 2

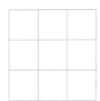

❺ 29 × 3

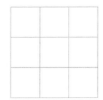

❻ 23 × 4

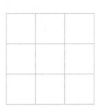

❼ 49 × 2

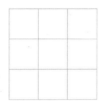

❽ 28 × 3

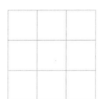

❾ 16 × 3

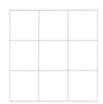

❿ 25 × 3

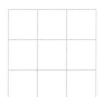

⓫ 19 × 4

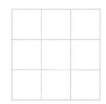

⓬ 37 × 2

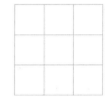

⓭ 13 × 6

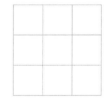

⓮ 48 × 2

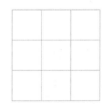

⓯ 18 × 2

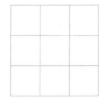

연산력 키우기

4 DAY 일의 자리에서 올림이 있는 (두 자리 수)×(한 자리 수)

십의 자리를 계산할 때 일의 자리에서 올림한 수를 꼭 더해야 해요.

🐡 계산해 보세요.

연산 Key

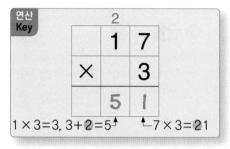

$1 \times 3 = 3,\ 3 + 2 = 5$ $7 \times 3 = 21$

❶
```
    1 9
  ×   5
```

❷
```
    1 5
  ×   4
```

❸
```
    2 7
  ×   2
```

❹
```
    1 3
  ×   6
```

❺
```
    3 9
  ×   2
```

❻
```
    2 5
  ×   2
```

❼
```
    3 8
  ×   2
```

❽
```
    1 4
  ×   7
```

❾
```
    1 6
  ×   5
```

❿
```
    2 6
  ×   3
```

⓫
```
    3 7
  ×   2
```

⓬
```
    1 6
  ×   6
```

⓭
```
    2 7
  ×   3
```

⓮
```
    4 5
  ×   2
```

⓯
```
    2 4
  ×   4
```

⓰
```
    1 2
  ×   6
```

⓱
```
    1 8
  ×   5
```

4 DAY

일의 자리에서 올림이 있는 (두 자리 수)x(한 자리 수)

 가로셈을 세로셈으로 계산해 보세요.

❶ 14 × 6

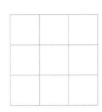

❻ 19 × 3

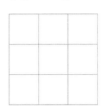

⓫ 28 × 2

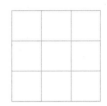

❷ 13 × 4

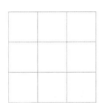

❼ 15 × 6

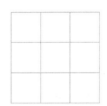

⓬ 26 × 2

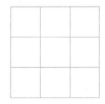

❸ 48 × 2

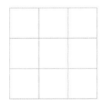

❽ 35 × 2

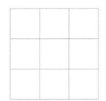

⓭ 23 × 4

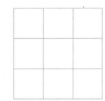

❹ 15 × 3

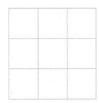

❾ 18 × 4

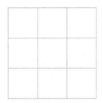

⓮ 36 × 2

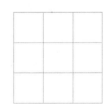

❺ 25 × 3

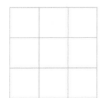

❿ 46 × 2

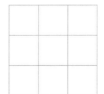

⓯ 16 × 6

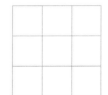

🐡 계산해 보세요.

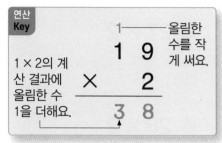

연산 Key

1×2의 계산 결과에 올림한 수 1을 더해요.

올림한 수를 작게 써요.

```
    1
  1 9
×   2
─────
  3 8
```

①
```
  2 4
×   3
─────
```

②
```
  1 8
×   3
─────
```

③
```
  1 3
×   7
─────
```

④
```
  2 9
×   3
─────
```

⑤
```
  1 2
×   7
─────
```

⑥
```
  1 6
×   4
─────
```

⑦
```
  1 3
×   5
─────
```

⑧
```
  2 9
×   2
─────
```

⑨
```
  4 6
×   2
─────
```

⑩
```
  1 7
×   5
─────
```

⑪
```
  1 9
×   4
─────
```

⑫
```
  2 5
×   3
─────
```

⑬
```
  4 7
×   2
─────
```

⑭
```
  1 6
×   3
─────
```

⑮
```
  3 9
×   2
─────
```

⑯
```
  2 8
×   3
─────
```

⑰
```
  1 4
×   4
─────
```

계산해 보세요.

❶ 12 × 8

❷ 13 × 4

❸ 13 × 6

❹ 14 × 7

❺ 15 × 4

❻ 15 × 6

❼ 16 × 5

❽ 16 × 6

❾ 17 × 3

❿ 18 × 4

⓫ 18 × 5

⓬ 19 × 3

⓭ 23 × 4

⓮ 24 × 4

⓯ 25 × 2

⓰ 26 × 2

⓱ 26 × 3

⓲ 27 × 3

⓳ 27 × 2

⓴ 28 × 2

㉑ 29 × 3

㉒ 35 × 2

㉓ 36 × 2

㉔ 37 × 2

㉕ 38 × 2

㉖ 45 × 2

㉗ 48 × 2

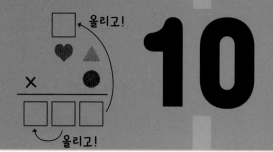

10

(두 자리 수)×(한 자리 수)(4)

학습목표 올림이 2번 있는 (두 자리 수)×(한 자리 수)의 계산 익히기

원리 깨치기

❶ 올림이 2번 있는 (두 자리 수)×(한 자리 수)의 계산 원리
❷ 올림이 2번 있는 (두 자리 수)×(한 자리 수)의 계산 방법

월	일

 이해! 한번 더 !

일의 자리와 십의 자리 계산에서 연달아 올림이 있는 곱셈을 배워 볼 거야. 일의 자리에서 올림한 수는 십의 자리 위에 작게 쓴 후에 십의 자리를 계산할 때 반드시 더해 줘야 해. 실수하지 않도록 꼼꼼하게 계산 연습을 해 보자.

연산력 키우기

❶ DAY		맞은 개수
		전체 문항
월	일	8
분	초	9

❷ DAY		맞은 개수
		전체 문항
월	일	14
분	초	15

❸ DAY		맞은 개수
		전체 문항
월	일	17
분	초	15

❹ DAY		맞은 개수
		전체 문항
월	일	17
분	초	15

❺ DAY		맞은 개수
		전체 문항
월	일	17
분	초	27

❶ 올림이 2번 있는 (두 자리 수) × (한 자리 수)의 계산 원리

[58 × 3의 계산]

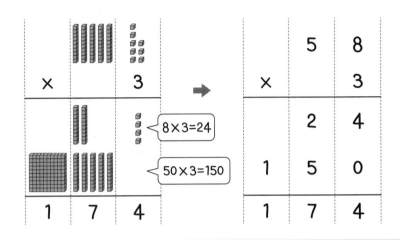

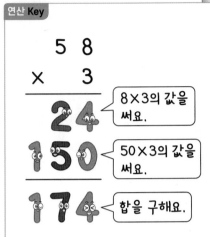

연산 Key

8 × 3의 값을 써요.

50 × 3의 값을 써요.

합을 구해요.

일 모형의 수를 곱셈식으로 나타내면 8 × 3 = 24이고,
십 모형의 수를 곱셈식으로 나타내면 50 × 3 = 150입니다.
따라서 24 + 150 = 174입니다.

❷ 올림이 2번 있는 (두 자리 수) × (한 자리 수)의 계산 방법

[27 × 9의 계산]

일의 자리 계산   십의 자리 계산

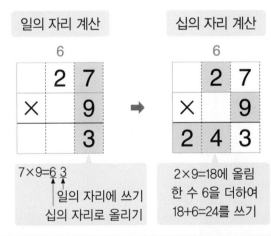

7×9=6 3

일의 자리에 쓰기
십의 자리로 올리기

2×9=18에 올림
한 수 6을 더하여
18+6=24를 쓰기

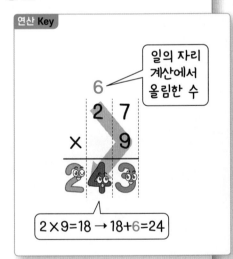

연산 Key

일의 자리
계산에서
올림한 수

2×9=18 → 18+6=24

곱해지는 수의 일의 자리 수 7과 9의 곱 63에서 3은 일의 자리에 쓰고
십의 자리 숫자 6을 올림하여 씁니다.
곱해지는 수의 십의 자리 수 2와 9의 곱 18과 올림한 수 6을 더한 값 24
에서 4는 십의 자리에 쓰고 2는 백의 자리에 씁니다.

연산력
키우기

1
DAY

올림이 2번 있는 (두 자리 수)×(한 자리 수)

곱해지는 두 자리 수를
십의 자리 수와 일의 자리
수로 갈라서 계산해 보아요.

🐡 ☐ 안에 알맞은 수를 써넣으세요.

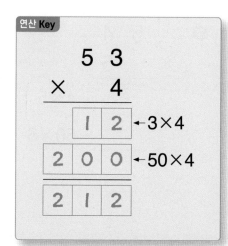

연산 Key

```
    5 3
  ×   4
  ┌─┬─┐
  │1│2│ ←3×4
  ├─┼─┼─┐
  │2│0│0│ ←50×4
  ├─┼─┼─┤
  │2│1│2│
  └─┴─┴─┘
```

❸
```
    4 3
  ×   7
  ┌─┬─┐
  │ │ │ ←3×7
  ├─┼─┼─┐
  │ │ │ │ ←40×7
  ├─┼─┼─┤
  │ │ │ │
  └─┴─┴─┘
```

❻
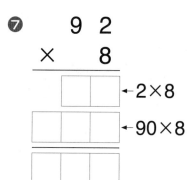
```
    8 4
  ×   5
  ┌─┬─┐
  │ │ │ ←4×5
  ├─┼─┼─┐
  │ │ │ │ ←80×5
  ├─┼─┼─┤
  │ │ │ │
  └─┴─┴─┘
```

❶
```
    3 4
  ×   6
  ┌─┬─┐
  │ │ │ ←4×6
  ├─┼─┼─┐
  │ │ │ │ ←30×6
  ├─┼─┼─┤
  │ │ │ │
  └─┴─┴─┘
```

❹
```
    2 6
  ×   5
  ┌─┬─┐
  │ │ │ ←6×5
  ├─┼─┼─┐
  │ │ │ │ ←20×5
  ├─┼─┼─┤
  │ │ │ │
  └─┴─┴─┘
```

❼
```
    9 2
  ×   8
  ┌─┬─┐
  │ │ │ ←2×8
  ├─┼─┼─┐
  │ │ │ │ ←90×8
  ├─┼─┼─┤
  │ │ │ │
  └─┴─┴─┘
```

❷
```
    7 5
  ×   5
  ┌─┬─┐
  │ │ │ ←5×5
  ├─┼─┼─┐
  │ │ │ │ ←70×5
  ├─┼─┼─┤
  │ │ │ │
  └─┴─┴─┘
```

❺
```
    6 3
  ×   9
  ┌─┬─┐
  │ │ │ ←3×9
  ├─┼─┼─┐
  │ │ │ │ ←60×9
  ├─┼─┼─┤
  │ │ │ │
  └─┴─┴─┘
```

❽
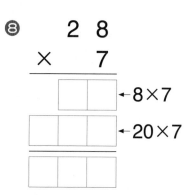
```
    2 8
  ×   7
  ┌─┬─┐
  │ │ │ ←8×7
  ├─┼─┼─┐
  │ │ │ │ ←20×7
  ├─┼─┼─┤
  │ │ │ │
  └─┴─┴─┘
```

1 DAY 올림이 2번 있는 (두 자리 수)×(한 자리 수)

🐡 □ 안에 알맞은 수를 써넣으세요.

❶
```
      8 4
   ×    8
   ┌──┬──┐
   │  │  │ ←4×8
   └──┴──┘
┌──┬──┬──┐
│  │  │  │ ←80×8
└──┴──┴──┘
┌──┬──┬──┐
│  │  │  │
└──┴──┴──┘
```

❹
```
      3 6
   ×    5
   ┌──┬──┐
   │  │  │ ←6×5
   └──┴──┘
┌──┬──┬──┐
│  │  │  │ ←30×5
└──┴──┴──┘
┌──┬──┬──┐
│  │  │  │
└──┴──┴──┘
```

❼
```
      5 4
   ×    5
   ┌──┬──┐
   │  │  │ ←4×5
   └──┴──┘
┌──┬──┬──┐
│  │  │  │ ←50×5
└──┴──┴──┘
┌──┬──┬──┐
│  │  │  │
└──┴──┴──┘
```

❷
```
      2 9
   ×    7
   ┌──┬──┐
   │  │  │ ←9×7
   └──┴──┘
┌──┬──┬──┐
│  │  │  │ ←20×7
└──┴──┴──┘
┌──┬──┬──┐
│  │  │  │
└──┴──┴──┘
```

❺
```
      4 5
   ×    7
   ┌──┬──┐
   │  │  │ ←5×7
   └──┴──┘
┌──┬──┬──┐
│  │  │  │ ←40×7
└──┴──┴──┘
┌──┬──┬──┐
│  │  │  │
└──┴──┴──┘
```

❽
```
      5 9
   ×    9
   ┌──┬──┐
   │  │  │ ←9×9
   └──┴──┘
┌──┬──┬──┐
│  │  │  │ ←50×9
└──┴──┴──┘
┌──┬──┬──┐
│  │  │  │
└──┴──┴──┘
```

❸
```
      3 4
   ×    8
   ┌──┬──┐
   │  │  │ ←4×8
   └──┴──┘
┌──┬──┬──┐
│  │  │  │ ←30×8
└──┴──┴──┘
┌──┬──┬──┐
│  │  │  │
└──┴──┴──┘
```

❻
```
      4 9
   ×    6
   ┌──┬──┐
   │  │  │ ←9×6
   └──┴──┘
┌──┬──┬──┐
│  │  │  │ ←40×6
└──┴──┴──┘
┌──┬──┬──┐
│  │  │  │
└──┴──┴──┘
```

❾
```
      6 3
   ×    7
   ┌──┬──┐
   │  │  │ ←3×7
   └──┴──┘
┌──┬──┬──┐
│  │  │  │ ←60×7
└──┴──┴──┘
┌──┬──┬──┐
│  │  │  │
└──┴──┴──┘
```

🐡 계산해 보세요.

연산 Key

```
      6 7
  ×     9
      6 3  ← 7×9
  5 4 0    ← 60×9
  6 0 3
```

❶
```
      1 8
  ×     9
```

❷
```
      3 4
  ×     7
```

❸
```
      5 6
  ×     5
```

❹
```
      8 3
  ×     6
```

❺
```
      7 8
  ×     9
```

❻
```
      1 8
  ×     7
```

❼
```
      5 3
  ×     8
```

❽
```
      6 6
  ×     5
```

❾
```
      9 5
  ×     4
```

❿
```
      8 5
  ×     6
```

⓫
```
      9 2
  ×     5
```

⓬
```
      4 3
  ×     8
```

⓭
```
      2 4
  ×     9
```

⓮
```
      3 7
  ×     6
```

🐡 계산해 보세요.

①
```
      8 4
  ×     9
```

⑥
```
      5 7
  ×     4
```

⑪
```
      7 8
  ×     5
```

②
```
      1 9
  ×     9
```

⑦
```
      2 5
  ×     6
```

⑫
```
      8 2
  ×     9
```

③
```
      9 3
  ×     7
```

⑧
```
      6 9
  ×     2
```

⑬
```
      2 6
  ×     8
```

④
```
      5 5
  ×     5
```

⑨
```
      3 5
  ×     3
```

⑭
```
      3 4
  ×     4
```

⑤
```
      4 9
  ×     7
```

⑩
```
      6 2
  ×     6
```

⑮
```
      4 6
  ×     3
```

| | 연산력 키우기 | **3** DAY | 올림이 2번 있는 (두 자리 수)×(한 자리 수) | 십의 자리 계산을 할 때 일의 자리에서 올림한 수를 반드시 더해야 해요. |

🐡 계산해 보세요.

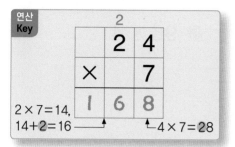

```
연산
Key
        2
      2 4
   ×    7
   1  6 8
2×7=14,
14+2=16 ──→   ──4×7=28
```

❶
```
    8 5
  ×   6
```

❷
```
    6 7
  ×   5
```

❸
```
    7 8
  ×   8
```

❹
```
    6 3
  ×   4
```

❺
```
    1 5
  ×   8
```

❻
```
    7 5
  ×   2
```

❼
```
    1 8
  ×   7
```

❽
```
    5 8
  ×   4
```

❾
```
    9 3
  ×   9
```

❿
```
    2 4
  ×   9
```

⓫
```
    8 8
  ×   3
```

⓬
```
    3 4
  ×   6
```

⓭
```
    4 6
  ×   9
```

⓮
```
    2 2
  ×   8
```

⓯
```
    4 5
  ×   7
```

⓰
```
    3 9
  ×   5
```

⓱
```
    9 4
  ×   5
```

🐡 가로셈을 세로셈으로 계산해 보세요.

❶ 54 × 6
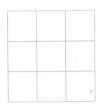

❻ 73 × 8
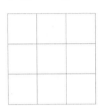

⓫ 96 × 4
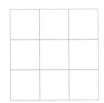

❷ 16 × 7
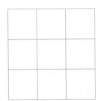

❼ 48 × 5
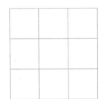

⓬ 37 × 6
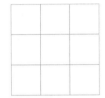

❸ 29 × 5
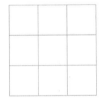

❽ 62 × 8

⓭ 19 × 6
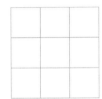

❹ 85 × 9

❾ 76 × 3
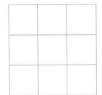

⓮ 93 × 5
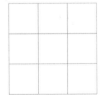

❺ 64 × 8
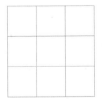

❿ 36 × 9
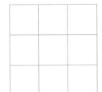

⓯ 25 × 7

십의 자리 계산 결과 올림한 수는 백의 자리에 써야 해요.

🐡 계산해 보세요.

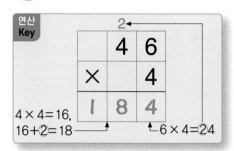

❶
```
    7 4
  ×   8
```

❷
```
    1 7
  ×   6
```

❸
```
    8 5
  ×   8
```

❹
```
    6 5
  ×   2
```

❺
```
    9 5
  ×   6
```

❻
```
    6 7
  ×   5
```

❼
```
    4 2
  ×   9
```

❽
```
    9 4
  ×   5
```

❾
```
    4 9
  ×   4
```

❿
```
    5 3
  ×   6
```

⓫
```
    2 8
  ×   6
```

⓬
```
    3 3
  ×   9
```

⓭
```
    5 6
  ×   7
```

⓮
```
    2 8
  ×   7
```

⓯
```
    7 9
  ×   8
```

⓰
```
    3 4
  ×   9
```

⓱
```
    1 5
  ×   9
```

 가로셈을 세로셈으로 계산해 보세요.

❶ 78 × 4

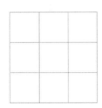

❷ 29 × 8

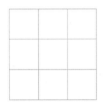

❸ 82 × 7

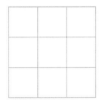

❹ 59 × 5

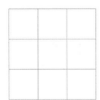

❺ 63 × 5

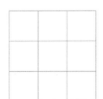

❻ 46 × 6

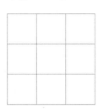

❼ 37 × 5

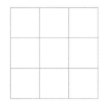

❽ 95 × 3

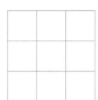

❾ 38 × 9

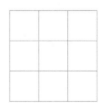

❿ 14 × 8

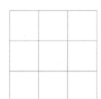

⓫ 55 × 3

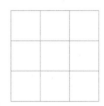

⓬ 63 × 8

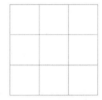

⓭ 48 × 4

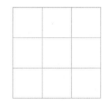

⓮ 76 × 2

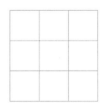

⓯ 29 × 4

연산력 키우기 5 DAY 올림이 2번 있는 (두 자리 수)×(한 자리 수)

일의 자리부터 계산해야 실수가 없고 빠르고 정확하게 계산할 수 있어요.

🐡 계산해 보세요.

연산 Key

1 ← 올림한 수를 작게 써 줘요.

$5 \times 8 = 40$,
$40 + 1 = 41$

```
    5 2
  ×   8
  ─────
  4 1 6
```

⑥
```
    6 6
  ×   4
  ─────
```

⑫
```
    7 9
  ×   7
  ─────
```

①
```
    3 4
  ×   4
  ─────
```

⑦
```
    4 5
  ×   8
  ─────
```

⑬
```
    2 6
  ×   8
  ─────
```

②
```
    9 3
  ×   8
  ─────
```

⑧
```
    6 8
  ×   3
  ─────
```

⑭
```
    5 7
  ×   5
  ─────
```

③
```
    3 3
  ×   7
  ─────
```

⑨
```
    2 5
  ×   4
  ─────
```

⑮
```
    9 6
  ×   3
  ─────
```

④
```
    7 2
  ×   6
  ─────
```

⑩
```
    5 6
  ×   4
  ─────
```

⑯
```
    4 2
  ×   7
  ─────
```

⑤
```
    8 9
  ×   9
  ─────
```

⑪
```
    6 3
  ×   9
  ─────
```

⑰
```
    8 5
  ×   3
  ─────
```

🐡 계산해 보세요.

❶ 15 × 8

❷ 36 × 4

❸ 19 × 6

❹ 54 × 7

❺ 18 × 6

❻ 75 × 6

❼ 85 × 5

❽ 16 × 9

❾ 78 × 8

➓ 79 × 2

⓫ 48 × 5

⓬ 95 × 3

⓭ 33 × 8

⓮ 28 × 8

⓯ 65 × 2

⓰ 44 × 8

⓱ 36 × 7

⓲ 27 × 9

⓳ 27 × 5

⓴ 68 × 3

㉑ 79 × 2

㉒ 85 × 4

㉓ 36 × 5

㉔ 97 × 3

㉕ 58 × 2

㉖ 95 × 2

㉗ 48 × 6

EBS와 함께하는 초등 학습

참 쉬운 글쓰기 급수 한자

참 쉬운 글쓰기

따라 쓰는 글쓰기
(1~2학년)

문법에 맞는 글쓰기
(3~6학년)

목적에 맞는 글쓰기
(3~6학년)

참 쉬운 급수 한자

8급

7급

7급 Ⅱ

효과가 상상 이상입니다.

예전에는 아이들의 어휘 학습을 위해 학습지를 만들어 주기도 했는데,
이제는 이 교재가 있으니 어휘 학습 고민은 해결되었습니다.
아이들에게 아침 자율 활동으로 할 것을 제안하였는데,
"선생님, 더 풀어도 되나요?"라는 모습을 보면,
아이들의 기초 학습 습관 형성에도 큰 도움이 되고 있다고 생각합니다.

ㄷ초등학교 안OO 선생님

어휘 공부의 힘을 느꼈습니다.

학습에 자신감이 없던 학생도 이미 배운 어휘가 수업에 나왔을 때 반가워합니다.
어휘를 먼저 학습하면서 흥미도가 높아지고
동기 부여가 되는 것을 보면서 어휘 공부의 힘을 느꼈습니다.

ㅂ학교 김OO 선생님

학생들 스스로 뿌듯해해요.

처음에는 어휘 학습을 따로 한다는 것 자체가 부담스러워했지만,
공부하는 내용에 대해 이해도가 높아지는 경험을 하면서
스스로 뿌듯해하는 모습을 볼 수 있었습니다.

ㅅ초등학교 손OO 선생님

앞으로도 활용할 계획입니다.

학생들에게 확인 문제의 수준이 너무 어렵지 않으면서도
교과서에 나오는 낱말의 뜻을 확실하게 배울 수 있었고,
주요 학습 내용과 관련 있는 낱말의 뜻과 용례를
정확하게 공부할 수 있어서 효과적이었습니다.

ㅅ초등학교 지OO 선생님

EBS (5·1·미리보기)
어휘가
문해력
이다
초등 5학년 1학기
교과서 어휘

학교 선생님들이 확인한
어휘가 문해력이다의 학습 효과!
직접 경험해 보세요

학기별 교과서 어휘 완전 학습
<어휘가 문해력이다>
── 예비 초등 ~ 중학 3학년 ──

초|등|부|터 EBS

정답

주제별 5일 구성, 매일 2쪽으로 키우는 계산력

만점왕

연산 5단계

초등 3학년

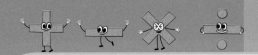

정답

1 세 자리 수의 덧셈⑴

1 DAY 받아올림이 없는 세 자리 수의 덧셈

11쪽

❶ 558   ❻ 286   ⑫ 977
❷ 946   ❼ 796   ⑬ 678
❸ 399   ❽ 772   ⑭ 834
❹ 555   ❾ 567   ⑮ 947
❺ 988   ⑩ 809   ⑯ 998
            ⑪ 769   ⑰ 789

12쪽

❶ 657   ❺ 398   ❾ 678
❷ 867   ❻ 746   ⑩ 688
❸ 896   ❼ 797   ⑪ 997
❹ 957   ❽ 849   ⑫ 886

2 DAY 일의 자리에서 받아올림이 있는 세 자리 수의 덧셈

13쪽

❶ 581   ❻ 385   ⑫ 595
❷ 864   ❼ 572   ⑬ 472
❸ 884   ❽ 693   ⑭ 552
❹ 843   ❾ 784   ⑮ 656
❺ 788   ⑩ 692   ⑯ 572
            ⑪ 852   ⑰ 973

14쪽

❶ 563   ❺ 493   ❾ 582
❷ 861   ❻ 784   ⑩ 575
❸ 673   ❼ 563   ⑪ 683
❹ 494   ❽ 756   ⑫ 296

3
DAY 십의 자리에서 받아올림이 있는 세 자리 수의 덧셈

15쪽

❶ 816	❻ 759	⓬ 748
❷ 739	❼ 637	⓭ 944
❸ 906	❽ 622	⓮ 769
❹ 928	❾ 615	⓯ 745
❺ 868	❿ 669	⓰ 885
	⓫ 378	⓱ 814

16쪽

❶ 437	❺ 809	❾ 753
❷ 916	❻ 839	❿ 708
❸ 475	❼ 617	⓫ 734
❹ 629	❽ 928	⓬ 925

4
DAY 세 자리 수의 덧셈

17쪽

❶ 578	❻ 625	⓬ 609
❷ 656	❼ 766	⓭ 527
❸ 238	❽ 605	⓮ 361
❹ 989	❾ 916	⓯ 868
❺ 974	❿ 445	⓰ 541
	⓫ 892	⓱ 619

18쪽

❶ 860	❽ 708	⓯ 624
❷ 386	❾ 842	⓰ 795
❸ 991	❿ 384	⓱ 688
❹ 893	⓫ 480	⓲ 871
❺ 477	⓬ 569	⓳ 471
❻ 846	⓭ 637	⓴ 346
❼ 807	⓮ 888	㉑ 985

5
DAY 세 자리 수의 덧셈

19쪽

❶ 747	❻ 561	⓬ 575
❷ 514	❼ 766	⓭ 829
❸ 704	❽ 915	⓮ 489
❹ 684	❾ 474	⓯ 491
❺ 617	❿ 933	⓰ 805
	⓫ 732	⓱ 919

20쪽

❶ 871	❽ 875	⓯ 983
❷ 564	❾ 677	⓰ 761
❸ 292	❿ 837	⓱ 595
❹ 663	⓫ 792	⓲ 619
❺ 461	⓬ 819	⓳ 797
❻ 362	⓭ 813	⓴ 575
❼ 887	⓮ 797	㉑ 573

2 세 자리 수의 덧셈(2)

1 받아올림이 2번 있는 세 자리 수의 덧셈
DAY

23쪽

❶ 620
❷ 762
❸ 390
❹ 923
❺ 431
❻ 643
❼ 834
❽ 923
❾ 833
❿ 523
⓫ 701
⓬ 641
⓭ 812
⓮ 932
⓯ 846
⓰ 902
⓱ 826

24쪽

❶ 541
❷ 980
❸ 711
❹ 961
❺ 843
❻ 542
❼ 920
❽ 941
❾ 352
❿ 822
⓫ 433
⓬ 702

2 받아올림이 3번 있는 세 자리 수의 덧셈
DAY

25쪽

❶ 1064
❷ 1423
❸ 1151
❹ 1532
❺ 1530
❻ 1540
❼ 1411
❽ 1260
❾ 1430
❿ 1146
⓫ 1453
⓬ 1232
⓭ 1232
⓮ 1321
⓯ 1220
⓰ 1636
⓱ 1154

26쪽

❶ 1324
❷ 1214
❸ 1620
❹ 1536
❺ 1110
❻ 1422
❼ 1321
❽ 1202
❾ 1063
❿ 1221
⓫ 1325
⓬ 1005

3
DAY

세 자리 수의 덧셈

27쪽

❶ 810	❻ 647	⑫ 844
❷ 1233	❼ 1612	⑬ 1217
❸ 1132	❽ 931	⑭ 700
❹ 1112	❾ 1230	⑮ 1613
❺ 1110	⑩ 721	⑯ 1032
	⑪ 644	⑰ 1405

28쪽

❶ 463	❽ 1320	⑮ 1325
❷ 824	❾ 1114	⑯ 868
❸ 661	⑩ 686	⑰ 1607
❹ 774	⑪ 536	⑱ 1351
❺ 1312	⑫ 1240	⑲ 1201
❻ 1800	⑬ 1282	⑳ 1107
❼ 1171	⑭ 1650	㉑ 1431

4
DAY

세 자리 수의 덧셈

29쪽

❶ 1407	❻ 1797	⑫ 962
❷ 1390	❼ 1050	⑬ 1792
❸ 1342	❽ 1284	⑭ 663
❹ 1231	❾ 1541	⑮ 1372
❺ 1225	⑩ 800	⑯ 912
	⑪ 1041	⑰ 1412

30쪽

❶ 1781	❽ 1644	⑮ 932
❷ 1351	❾ 1129	⑯ 1180
❸ 1050	⑩ 1245	⑰ 542
❹ 1623	⑪ 651	⑱ 1130
❺ 1483	⑫ 580	⑲ 906
❻ 1424	⑬ 680	⑳ 1213
❼ 1332	⑭ 1110	㉑ 1010

5
DAY

세 자리 수의 덧셈

31쪽

(위에서부터)

❶ 2, 4	❺ 7, 4
❷ 3, 5	❻ 7, 3, 9
❸ 1, 2	❼ 8, 9
❹ 4, 4	❽ 2, 5
	❾ 3, 1

32쪽

❶ 1000	❾ 690	⑰ 1110
❷ 1000	⑩ 900	⑱ 1110
❸ 1000	⑪ 910	⑲ 888
❹ 1500	⑫ 920	⑳ 1110
❺ 1500	⑬ 999	㉑ 1332
❻ 1500	⑭ 989	㉒ 1554
❼ 690	⑮ 979	㉓ 1776
❽ 690	⑯ 1110	㉔ 1998

3 세 자리 수의 뺄셈(1)

3 DAY 백의 자리에서 받아내림이 있는 세 자리 수의 뺄셈

39쪽

❶	92	❻	266	⑫	183		
❷	64	❼	171	⑬	452		
❸	84	❽	175	⑭	411		
❹	282	❾	342	⑮	195		
❺	154	⑩	93	⑯	341		
		⑪	393	⑰	483		

40쪽

❶	83	❺	188	❾	166
❷	164	❻	372	⑩	588
❸	164	❼	192	⑪	182
❹	282	❽	364	⑫	382

4 DAY 세 자리 수의 뺄셈

41쪽

❶	418	❻	473	⑫	534
❷	238	❼	241	⑬	103
❸	233	❽	91	⑭	91
❹	439	❾	495	⑮	252
❺	238	⑩	472	⑯	218
		⑪	232	⑰	463

42쪽

❶	64	❽	236	⑮	393
❷	125	❾	216	⑯	164
❸	233	⑩	116	⑰	384
❹	321	⑪	328	⑱	162
❺	251	⑫	536	⑲	583
❻	433	⑬	355	⑳	393
❼	262	⑭	548	㉑	581

5 DAY 세 자리 수의 뺄셈

43쪽

❶	174	❻	173	⑫	328
❷	221	❼	516	⑬	461
❸	372	❽	358	⑭	238
❹	186	❾	526	⑮	352
❺	381	⑩	253	⑯	208
		⑪	496	⑰	175

44쪽

❶	270	❽	516	⑮	182
❷	530	❾	428	⑯	236
❸	532	⑩	192	⑰	495
❹	175	⑪	415	⑱	713
❺	323	⑫	523	⑲	262
❻	228	⑬	383	⑳	236
❼	647	⑭	267	㉑	239

4 세 자리 수의 뺄셈(2)

1 DAY 받아내림이 2번 있는 세 자리 수의 뺄셈

47쪽

❶ 466	❻ 367	⑫ 155
❷ 383	❼ 579	⑬ 379
❸ 49	❽ 87	⑭ 159
❹ 189	❾ 188	⑮ 554
❺ 357	⑩ 167	⑯ 296
	⑪ 187	⑰ 274

48쪽

❶ 156	❺ 193	❾ 75
❷ 334	❻ 388	⑩ 398
❸ 178	❼ 274	⑪ 588
❹ 375	❽ 286	⑫ 278

2 DAY 받아내림이 2번 있는 세 자리 수의 뺄셈

49쪽

❶ 357	❻ 368	⑫ 598
❷ 169	❼ 279	⑬ 223
❸ 118	❽ 326	⑭ 467
❹ 336	❾ 69	⑮ 308
❺ 327	⑩ 147	⑯ 175
	⑪ 193	⑰ 345

50쪽

❶ 12	❺ 167	❾ 356
❷ 126	❻ 308	⑩ 264
❸ 256	❼ 378	⑪ 123
❹ 199	❽ 229	⑫ 476

3 DAY
받아내림이 2번 있는 세 자리 수의 뺄셈

51쪽

❶ 566	❻ 282	⓬ 139
❷ 184	❼ 555	⓭ 263
❸ 88	❽ 278	⓮ 359
❹ 179	❾ 278	⓯ 79
❺ 169	❿ 279	⓰ 56
	⓫ 288	⓱ 188

52쪽

❶ 376	❽ 79	⓯ 299
❷ 167	❾ 174	⓰ 89
❸ 168	❿ 479	⓱ 77
❹ 83	⓫ 146	⓲ 367
❺ 278	⓬ 174	⓳ 556
❻ 684	⓭ 53	⓴ 136
❼ 387	⓮ 148	㉑ 329

4 DAY
받아내림이 2번 있는 세 자리 수의 뺄셈

53쪽

❶ 367	❻ 185	⓬ 89
❷ 386	❼ 339	⓭ 309
❸ 344	❽ 68	⓮ 269
❹ 34	❾ 117	⓯ 176
❺ 498	❿ 68	⓰ 137
	⓫ 463	⓱ 101

54쪽

❶ 518	❽ 229	⓯ 166
❷ 88	❾ 259	⓰ 276
❸ 556	❿ 277	⓱ 345
❹ 126	⓫ 467	⓲ 289
❺ 336	⓬ 229	⓳ 126
❻ 277	⓭ 117	⓴ 168
❼ 467	⓮ 29	㉑ 187

5 DAY
받아내림이 2번 있는 세 자리 수의 뺄셈

55쪽

❶ 178	❽ 265	⓯ 167
❷ 278	❾ 65	⓰ 101
❸ 378	❿ 145	⓱ 301
❹ 386	⓫ 145	⓲ 501
❺ 486	⓬ 145	⓳ 297
❻ 586	⓭ 167	⓴ 297
❼ 465	⓮ 167	㉑ 297

56쪽

❶ 269	❺ 279	❾ 378
❷ 578	❻ 448	❿ 118
❸ 567	❼ 267	⓫ 378
❹ 129	❽ 555	⓬ 426

5 (두 자리 수)÷(한 자리 수)(1)

1 DAY 곱셈과 나눗셈의 관계

59쪽

① 4, 3 / 3, 4
② 2, 4 / 4, 2
③ 3, 6 / 6, 3
④ 7, 2 / 2, 7
⑤ 8, 5 / 5, 8
⑥ 6, 4 / 4, 6
⑦ 5, 3 / 3, 5
⑧ 9, 7 / 7, 9
⑨ 4, 8 / 8, 4
⑩ 6, 5 / 5, 6
⑪ 2, 8 / 8, 2
⑫ 7, 6 / 6, 7
⑬ 5, 9 / 9, 5

60쪽

① $10 \div 5 = 2$, $10 \div 2 = 5$
② $18 \div 2 = 9$, $18 \div 9 = 2$
③ $28 \div 4 = 7$, $28 \div 7 = 4$
④ $18 \div 6 = 3$, $18 \div 3 = 6$
⑤ $24 \div 4 = 6$, $24 \div 6 = 4$
⑥ $21 \div 7 = 3$, $21 \div 3 = 7$
⑦ $16 \div 8 = 2$, $16 \div 2 = 8$
⑧ $27 \div 9 = 3$, $27 \div 3 = 9$
⑨ $48 \div 6 = 8$, $48 \div 8 = 6$
⑩ $36 \div 9 = 4$, $36 \div 4 = 9$
⑪ $35 \div 7 = 5$, $35 \div 5 = 7$
⑫ $24 \div 3 = 8$, $24 \div 8 = 3$
⑬ $40 \div 5 = 8$, $40 \div 8 = 5$
⑭ $54 \div 9 = 6$, $54 \div 6 = 9$

2

DAY 곱셈과 나눗셈의 관계

61쪽

❶ 2, 10 / 5, 10
❷ 4, 24 / 6, 24
❸ 9, 27 / 3, 27
❹ 7, 63 / 9, 63
❺ 9, 18 / 2, 18
❻ 4, 32 / 8, 32
❼ 4, 28 / 7, 28
❽ 9, 36 / 4, 36
❾ 6, 42 / 7, 42
❿ 7, 35 / 5, 35
⓫ 5, 40 / 8, 40
⓬ 3, 12 / 4, 12
⓭ 8, 48 / 6, 48

62쪽

❶ 5×4=20, 4×5=20
❷ 7×3=21, 3×7=21
❸ 8×9=72, 9×8=72
❹ 9×6=54, 6×9=54
❺ 8×3=24, 3×8=24
❻ 7×9=63, 9×7=63
❼ 9×2=18, 2×9=18
❽ 4×8=32, 8×4=32
❾ 7×2=14, 2×7=14
❿ 5×8=40, 8×5=40
⓫ 8×6=48, 6×8=48
⓬ 2×5=10, 5×2=10
⓭ 5×4=20, 4×5=20
⓮ 6×5=30, 5×6=30

3

DAY 곱셈과 나눗셈의 관계

63쪽

❶ 3, 3
❷ 9, 9
❸ 7, 7
❹ 5, 5
❺ 5, 5
❻ 7, 7
❼ 8, 8
❽ 3, 3
❾ 4, 4
❿ 7, 7
⓫ 3, 3
⓬ 6, 6
⓭ 8, 8
⓮ 5, 5
⓯ 6, 6
⓰ 9, 9
⓱ 9, 9

64쪽

❶ 4, 4
❷ 8, 8
❸ 6, 6
❹ 7, 7
❺ 7, 7
❻ 9, 9
❼ 6, 6
❽ 2, 2
❾ 6, 6
❿ 5, 5
⓫ 4, 4
⓬ 7, 7
⓭ 8, 8
⓮ 9, 9
⓯ 7, 7
⓰ 2, 2
⓱ 2, 2
⓲ 4, 4

4 DAY 나눗셈의 몫을 곱셈식으로 구하기

❶ 7, 7	❻ 5, 5	⓫ 7, 7
❷ 5, 5	❼ 6, 6	⓬ 7, 7
❸ 5, 5	❽ 6, 6	⓭ 6, 6
❹ 2, 2	❾ 5, 5	⓮ 7, 7
❺ 7, 7	❿ 4, 4	⓯ 9, 9

❶ 5, 5	❼ 4, 4	⓭ 4, 4
❷ 3, 3	❽ 3, 3	⓮ 8, 8
❸ 6, 6	❾ 8, 8	⓯ 4, 4
❹ 4, 4	❿ 2, 2	⓰ 9, 9
❺ 9, 9	⓫ 6, 6	
❻ 2, 2	⓬ 6, 6	

5 DAY 나눗셈의 몫을 곱셈식으로 구하기

❶ 3	❽ 3	⓰ 6
❷ 7	❾ 9	⓱ 9
❸ 2	❿ 9	⓲ 5
❹ 5	⓫ 1	⓳ 6
❺ 6	⓬ 9	⓴ 6
❻ 2	⓭ 8	㉑ 8
❼ 6	⓮ 8	㉒ 3
	⓯ 4	㉓ 1

❶ 8	❾ 3	⓱ 2
❷ 9	❿ 5	⓲ 7
❸ 7	⓫ 8	⓳ 6
❹ 2	⓬ 5	⓴ 2
❺ 4	⓭ 3	㉑ 2
❻ 7	⓮ 7	㉒ 4
❼ 8	⓯ 5	㉓ 5
❽ 7	⓰ 5	㉔ 7

6 (두 자리 수)÷(한 자리 수)(2)

1 DAY 나눗셈의 몫을 곱셈구구로 구하기

71쪽

❶ 6, 6	❻ 6, 6	⑫ 9, 9
❷ 5, 5	❼ 3, 3	⑬ 8, 8
❸ 3, 3	❽ 2, 2	⑭ 4, 4
❹ 7, 7	❾ 2, 2	⑮ 7, 7
❺ 4, 4	❿ 9, 9	⑯ 2, 2
	⑪ 5, 5	⑰ 2, 2

72쪽

❶ 8, 8	❼ 7, 7	⑬ 4, 4
❷ 9, 9	❽ 4, 4	⑭ 9, 9
❸ 5, 5	❾ 3, 3	⑮ 7, 7
❹ 6, 6	❿ 6, 6	⑯ 8, 8
❺ 7, 7	⑪ 9, 9	⑰ 5, 5
❻ 3, 3	⑫ 6, 6	⑱ 8, 8

2 DAY 나눗셈의 몫을 곱셈구구로 구하기

73쪽

❶ 4	❾ 5	⑲ 2
❷ 5	❿ 5	⑳ 7
❸ 3	⑪ 4	㉑ 6
❹ 7	⑫ 7	㉒ 3
❺ 2	⑬ 5	㉓ 6
❻ 8	⑭ 4	㉔ 2
❼ 9	⑮ 4	㉕ 3
❽ 6	⑯ 8	㉖ 9
	⑰ 8	㉗ 4
	⑱ 8	㉘ 9

74쪽

❶ 6	⑪ 7	㉑ 4
❷ 3	⑫ 6	㉒ 9
❸ 9	⑬ 2	㉓ 7
❹ 3	⑭ 6	㉔ 6
❺ 6	⑮ 9	㉕ 7
❻ 2	⑯ 8	㉖ 8
❼ 9	⑰ 8	㉗ 3
❽ 4	⑱ 2	㉘ 3
❾ 8	⑲ 8	㉙ 3
❿ 5	⑳ 7	㉚ 5

3 DAY 나눗셈의 몫을 곱셈구구로 구하기

75쪽

❶ 5	❽ 9	⑮ 4	㉒ 5
❷ 9	❾ 8	⑯ 4	㉓ 2
❸ 2	❿ 9	⑰ 9	㉔ 7
❹ 5	⑪ 8	⑱ 5	㉕ 2
❺ 5	⑫ 9	⑲ 7	㉖ 7
❻ 7	⑬ 7	⑳ 3	㉗ 6
❼ 5	⑭ 4	㉑ 7	㉘ 3

76쪽

❶ 2	❾ 4	⑰ 3	㉕ 3
❷ 2	❿ 2	⑱ 6	㉖ 9
❸ 6	⑪ 4	⑲ 6	㉗ 7
❹ 8	⑫ 8	⑳ 5	㉘ 8
❺ 8	⑬ 6	㉑ 8	㉙ 5
❻ 9	⑭ 3	㉒ 6	㉚ 9
❼ 6	⑮ 8	㉓ 6	
❽ 3	⑯ 3	㉔ 4	

4 DAY 나눗셈의 몫을 곱셈구구로 구하기

77쪽

❶ 6	❽ 3	⑮ 8	㉒ 6
❷ 5	❾ 5	⑯ 5	㉓ 4
❸ 9	❿ 2	⑰ 7	㉔ 2
❹ 3	⑪ 4	⑱ 2	㉕ 6
❺ 5	⑫ 2	⑲ 9	㉖ 2
❻ 4	⑬ 6	⑳ 6	㉗ 7
❼ 6	⑭ 3	㉑ 8	㉘ 5

78쪽

❶ 4	❾ 3	⑰ 5	㉕ 3
❷ 8	❿ 9	⑱ 7	㉖ 7
❸ 3	⑪ 7	⑲ 4	㉗ 1
❹ 6	⑫ 8	⑳ 9	㉘ 9
❺ 2	⑬ 5	㉑ 3	㉙ 2
❻ 8	⑭ 9	㉒ 7	㉚ 8
❼ 2	⑮ 3	㉓ 3	
❽ 6	⑯ 8	㉔ 9	

5 DAY 나눗셈의 몫을 곱셈구구로 구하기

79쪽

❶ 5	❼ 8	⑬ 2	⑲ 6
❷ 3	❽ 18	⑭ 30	⑳ 7
❸ 12	❾ 9	⑮ 3	㉑ 15
❹ 5	❿ 63	⑯ 7	㉒ 24
❺ 5	⑪ 4	⑰ 6	
❻ 3	⑫ 7	⑱ 7	

80쪽

❶ 48	❼ 4	⑬ 7	⑲ 7
❷ 3	❽ 2	⑭ 24	⑳ 8
❸ 12	❾ 28	⑮ 15	㉑ 7
❹ 3	❿ 54	⑯ 3	
❺ 5	⑪ 7	⑰ 8	
❻ 36	⑫ 36	⑱ 16	

7 (두 자리 수)×(한 자리 수)(1)

1 DAY (몇십)×(몇)

83쪽

❶ 80	❾ 160	⓲ 360
❷ 40	❿ 180	⓳ 100
❸ 90	⓫ 140	⓴ 160
❹ 60	⓬ 150	㉑ 480
❺ 80	⓭ 160	㉒ 350
❻ 60	⓮ 200	㉓ 240
❼ 120	⓯ 180	㉔ 200
❽ 280	⓰ 240	㉕ 180
	⓱ 100	㉖ 270

84쪽

❶ 160	❿ 200	⓳ 210
❷ 320	⓫ 360	⓴ 120
❸ 180	⓬ 140	㉑ 320
❹ 420	⓭ 300	㉒ 150
❺ 400	⓮ 240	㉓ 280
❻ 540	⓯ 360	㉔ 450
❼ 120	⓰ 400	㉕ 810
❽ 240	⓱ 280	㉖ 360
❾ 250	⓲ 420	㉗ 560

2 DAY (몇십)×(몇)

85쪽

❶ 80	❿ 480
❷ 90	⓫ 180
❸ 200	⓬ 160
❹ 240	⓭ 210
❺ 150	⓮ 360
❻ 180	⓯ 300
❼ 140	⓰ 480
❽ 350	⓱ 420
❾ 320	

86쪽

❶ 720	❿ 540	⓳ 270
❷ 450	⓫ 480	⓴ 240
❸ 360	⓬ 240	㉑ 210
❹ 720	⓭ 350	㉒ 180
❺ 560	⓮ 300	㉓ 60
❻ 240	⓯ 100	㉔ 180
❼ 560	⓰ 360	㉕ 160
❽ 350	⓱ 280	㉖ 120
❾ 140	⓲ 240	㉗ 80

3 DAY 올림이 없는 (두 자리 수)×(한 자리 수)

87쪽

❶ 28	❻ 84	⓬ 56
❷ 69	❼ 84	⓭ 93
❸ 48	❽ 99	⓮ 44
❹ 66	❾ 26	⓯ 86
❺ 64	❿ 88	⓰ 55
	⓫ 63	⓱ 68

88쪽

❶ 36	❻ 62	⓫ 44
❷ 48	❼ 46	⓬ 99
❸ 88	❽ 96	⓭ 24
❹ 42	❾ 93	⓮ 39
❺ 88	❿ 82	⓯ 66

4 DAY 올림이 없는 (두 자리 수)×(한 자리 수)

89쪽

❶ 64	❻ 82	⓬ 48
❷ 77	❼ 66	⓭ 33
❸ 68	❽ 66	⓮ 80
❹ 80	❾ 93	⓯ 50
❺ 80	❿ 39	⓰ 84
	⓫ 28	⓱ 88

90쪽

❶ 35	❻ 40	⓫ 82
❷ 44	❼ 70	⓬ 93
❸ 44	❽ 48	⓭ 39
❹ 48	❾ 90	⓮ 86
❺ 28	❿ 68	⓯ 69

5 DAY 올림이 없는 (두 자리 수)×(한 자리 수)

91쪽

❶ 22	❿ 70	⓳ 30	㉘ 69
❷ 44	⓫ 80	⓴ 60	㉙ 46
❸ 66	⓬ 90	㉑ 90	㉚ 23
❹ 33	⓭ 24	㉒ 84	㉛ 99
❺ 44	⓮ 36	㉓ 63	㉜ 77
❻ 55	⓯ 48	㉔ 42	㉝ 55
❼ 32	⓰ 0	㉕ 240	
❽ 64	⓱ 42	㉖ 200	
❾ 96	⓲ 84	㉗ 160	

92쪽

❶ 2	❼ 2	⓭ 3
❷ 3	❽ 3	⓮ 1
❸ 2	❾ 4	⓯ 2
❹ 4	❿ 2	⓰ 2, 8
❺ 4	⓫ 2	⓱ 3
❻ 5	⓬ 4	⓲ 3, 6

8 (두 자리 수)×(한 자리 수)(2)

1 DAY 십의 자리에서 올림이 있는 (두 자리 수)×(한 자리 수)

95쪽

(위에서부터)

① 8, 160, 168

② 7, 210, 217

③ 6, 180, 186

④ 6, 120, 126

⑤ 8, 320, 328

⑥ 9, 180, 189

⑦ 8, 120, 128

⑧ 6, 150, 156

96쪽

(위에서부터)

① 4, 160, 164

② 4, 160, 164

③ 8, 160, 168

④ 6, 100, 106

⑤ 9, 210, 219

⑥ 5, 400, 405

⑦ 2, 180, 182

⑧ 6, 180, 186

⑨ 9, 450, 459

2 DAY 십의 자리에서 올림이 있는 (두 자리 수)×(한 자리 수)

97쪽

① 155

② 129

③ 408

④ 104

⑤ 244

⑥ 248

⑦ 426

⑧ 146

⑨ 567

⑩ 328

⑪ 249

⑫ 168

⑬ 368

⑭ 186

98쪽

① 369

② 306

③ 126

④ 148

⑤ 279

⑥ 488

⑦ 819

⑧ 568

⑨ 156

⑩ 357

⑪ 208

⑫ 284

⑬ 246

⑭ 324

⑮ 276

3 DAY 십의 자리에서 올림이 있는 (두 자리 수)×(한 자리 수)

99쪽

❶ 279		❻ 216		⓬ 128			
❷ 108		❼ 248		⓭ 186			
❸ 497		❽ 128		⓮ 129			
❹ 126		❾ 328		⓯ 637			
❺ 249		❿ 156		⓰ 164			
		⓫ 729		⓱ 205			

100쪽

❶ 105		❻ 189		⓫ 287	
❷ 279		❼ 159		⓬ 305	
❸ 219		❽ 486		⓭ 184	
❹ 188		❾ 728		⓮ 246	
❺ 124		❿ 153		⓯ 639	

4 DAY 십의 자리에서 올림이 있는 (두 자리 수)×(한 자리 수)

101쪽

❶ 144		❻ 124		⓬ 355	
❷ 366		❼ 168		⓭ 426	
❸ 166		❽ 204		⓮ 164	
❹ 205		❾ 108		⓯ 648	
❺ 168		❿ 126		⓰ 364	
		⓫ 189		⓱ 186	

102쪽

❶ 637		❻ 249		⓫ 142	
❷ 128		❼ 408		⓬ 123	
❸ 128		❽ 147		⓭ 279	
❹ 168		❾ 146		⓮ 488	
❺ 106		❿ 129		⓯ 155	

5 DAY 십의 자리에서 올림이 있는 (두 자리 수)×(한 자리 수)

103쪽

❶ 126		❻ 126		⓬ 248	
❷ 213		❼ 306		⓭ 248	
❸ 164		❽ 328		⓮ 273	
❹ 216		❾ 104		⓯ 427	
❺ 108		❿ 729		⓰ 368	
		⓫ 328		⓱ 186	

104쪽

❶ 217		❿ 369		⓳ 129	
❷ 208		⓫ 426		⓴ 276	
❸ 166		⓬ 244		㉑ 255	
❹ 159		⓭ 186		㉒ 279	
❺ 567		⓮ 183		㉓ 459	
❻ 164		⓯ 108		㉔ 122	
❼ 819		⓰ 246		㉕ 284	
❽ 186		⓱ 188		㉖ 148	
❾ 288		⓲ 405		㉗ 126	

9 (두 자리 수)×(한 자리 수)(3)

1 DAY 일의 자리에서 올림이 있는 (두 자리 수)×(한 자리 수)

107쪽

(위에서부터)

❶ 12, 80, 92

❷ 14, 20, 34

❸ 18, 60, 78

❹ 16, 40, 56

❺ 14, 40, 54

❻ 15, 30, 45

❼ 40, 50, 90

❽ 12, 40, 52

❾ 10, 80, 90

❿ 35, 50, 85

⓫ 16, 80, 96

108쪽

(위에서부터)

❶ 16, 80, 96

❷ 24, 40, 64

❸ 27, 30, 57

❹ 16, 40, 56

❺ 21, 70, 91

❻ 12, 60, 72

❼ 30, 60, 90

❽ 18, 40, 58

❾ 10, 60, 70

❿ 36, 60, 96

⓫ 12, 80, 92

⓬ 27, 60, 87

2 DAY 일의 자리에서 올림이 있는 (두 자리 수)×(한 자리 수)

109쪽

❶ 78

❷ 68

❸ 75

❹ 98

❺ 94

❻ 95

❼ 78

❽ 60

❾ 60

❿ 74

⓫ 72

⓬ 80

⓭ 72

⓮ 96

110쪽

❶ 92

❷ 70

❸ 72

❹ 84

❺ 76

❻ 84

❼ 51

❽ 30

❾ 48

❿ 52

⓫ 52

⓬ 84

⓭ 96

⓮ 65

⓯ 54

3 DAY
일의 자리에서 올림이 있는 (두 자리 수)×(한 자리 수)

111쪽

❶ 72	❻ 78	⓬ 56
❷ 34	❼ 81	⓭ 64
❸ 45	❽ 70	⓮ 72
❹ 50	❾ 85	⓯ 58
❺ 90	❿ 96	⓰ 90
	⓫ 56	⓱ 76

112쪽

❶ 96	❻ 92	⓫ 76
❷ 91	❼ 98	⓬ 74
❸ 42	❽ 84	⓭ 78
❹ 30	❾ 48	⓮ 96
❺ 87	❿ 75	⓯ 36

4 DAY
일의 자리에서 올림이 있는 (두 자리 수)×(한 자리 수)

113쪽

❶ 95	❻ 50	⓬ 96
❷ 60	❼ 76	⓭ 81
❸ 54	❽ 98	⓮ 90
❹ 78	❾ 80	⓯ 96
❺ 78	❿ 78	⓰ 72
	⓫ 74	⓱ 90

114쪽

❶ 84	❻ 57	⓫ 56
❷ 52	❼ 90	⓬ 52
❸ 96	❽ 70	⓭ 92
❹ 45	❾ 72	⓮ 72
❺ 75	❿ 92	⓯ 96

5 DAY
일의 자리에서 올림이 있는 (두 자리 수)×(한 자리 수)

115쪽

❶ 72	❻ 64	⓬ 75
❷ 54	❼ 65	⓭ 94
❸ 91	❽ 58	⓮ 48
❹ 87	❾ 92	⓯ 78
❺ 84	❿ 85	⓰ 84
	⓫ 76	⓱ 56

116쪽

❶ 96	❿ 72	⓳ 54
❷ 52	⓫ 90	⓴ 56
❸ 78	⓬ 57	㉑ 87
❹ 98	⓭ 92	㉒ 70
❺ 60	⓮ 96	㉓ 72
❻ 90	⓯ 50	㉔ 74
❼ 80	⓰ 52	㉕ 76
❽ 96	⓱ 78	㉖ 90
❾ 51	⓲ 81	㉗ 96

10 (두 자리 수)×(한 자리 수) (4)

1 DAY
올림이 2번 있는 (두 자리 수)×(한 자리 수)

119쪽

(위에서부터)
- ❶ 24, 180, 204
- ❷ 25, 350, 375
- ❸ 21, 280, 301
- ❹ 30, 100, 130
- ❺ 27, 540, 567
- ❻ 20, 400, 420
- ❼ 16, 720, 736
- ❽ 56, 140, 196

120쪽

(위에서부터)
- ❶ 32, 640, 672
- ❷ 63, 140, 203
- ❸ 32, 240, 272
- ❹ 30, 150, 180
- ❺ 35, 280, 315
- ❻ 54, 240, 294
- ❼ 20, 250, 270
- ❽ 81, 450, 531
- ❾ 21, 420, 441

2 DAY
올림이 2번 있는 (두 자리 수)×(한 자리 수)

121쪽

- ❶ 162
- ❷ 238
- ❸ 280
- ❹ 498
- ❺ 702
- ❻ 126
- ❼ 424
- ❽ 330
- ❾ 380
- ❿ 510
- ⓫ 460
- ⓬ 344
- ⓭ 216
- ⓮ 222

122쪽

- ❶ 756
- ❷ 171
- ❸ 651
- ❹ 275
- ❺ 343
- ❻ 228
- ❼ 150
- ❽ 138
- ❾ 105
- ❿ 372
- ⓫ 390
- ⓬ 738
- ⓭ 208
- ⓮ 136
- ⓯ 138

3
DAY
올림이 2번 있는 (두 자리 수)×(한 자리 수)

123쪽

❶ 510	❻ 150	⓬ 204
❷ 335	❼ 126	⓭ 414
❸ 624	❽ 232	⓮ 176
❹ 252	❾ 837	⓯ 315
❺ 120	❿ 216	⓰ 195
	⓫ 264	⓱ 470

124쪽

❶ 324	❻ 584	⓫ 384
❷ 112	❼ 240	⓬ 222
❸ 145	❽ 496	⓭ 114
❹ 765	❾ 228	⓮ 465
❺ 512	❿ 324	⓯ 175

4
DAY
올림이 2번 있는 (두 자리 수)×(한 자리 수)

125쪽

❶ 592	❻ 335	⓬ 297
❷ 102	❼ 378	⓭ 392
❸ 680	❽ 470	⓮ 196
❹ 130	❾ 196	⓯ 632
❺ 570	❿ 318	⓰ 306
	⓫ 168	⓱ 135

126쪽

❶ 312	❻ 276	⓫ 165
❷ 232	❼ 185	⓬ 504
❸ 574	❽ 285	⓭ 192
❹ 295	❾ 342	⓮ 152
❺ 315	❿ 112	⓯ 116

5
DAY
올림이 2번 있는 (두 자리 수)×(한 자리 수)

127쪽

❶ 136	❻ 264	⓬ 553
❷ 744	❼ 360	⓭ 208
❸ 231	❽ 204	⓮ 285
❹ 432	❾ 100	⓯ 288
❺ 801	❿ 224	⓰ 294
	⓫ 567	⓱ 255

128쪽

❶ 120	❿ 158	⓳ 135
❷ 144	⓫ 240	⓴ 204
❸ 114	⓬ 285	㉑ 158
❹ 378	⓭ 264	㉒ 340
❺ 108	⓮ 224	㉓ 180
❻ 450	⓯ 130	㉔ 291
❼ 425	⓰ 352	㉕ 116
❽ 144	⓱ 252	㉖ 190
❾ 624	⓲ 243	㉗ 288

5단계 초등 3학년

과목	시리즈명	특징	수준	대상
전과목	만점왕	교과서 중심 초등 기본서	———○—	초1~6
	만점왕 통합본	바쁜 초등학생을 위한 국어·사회·과학 압축본	———○—	초3~6
	만점왕 단원평가	한 권으로 학교 단원평가 대비	———○—	초3~6
국어	참 쉬운 글쓰기	초등학생에게 꼭 필요한 기초 글쓰기 연습	——○——	예비 초~초6
	참 쉬운 급수 한자	쉽게 배우는 한자능력검정시험 7~8급	——○——	예비 초~초2
	어휘가 독해다!	학년군별 교과서 필수 낱말 + 읽기 학습	———○—	초1~6
	4주 완성 독해력	학년별 교과서 연계 단기 독해 학습	———○—	예비 초~초6
	독해가 ○○을 만날 때	수학·사회·과학 주제별 국어 독해	————○	초1~4
	당신의 문해력	평생을 살아가는 힘, '문해력' 향상 프로젝트	————○	예비 초~중3
영어	EBS랑 홈스쿨 초등 영어	다양한 부가 자료가 있는 단계별 영어 학습	———○—	초3~6
	EBS 기초 영문법/영독해	고학년을 위한 중학 영어 내신 대비	———○—	초5~6
수학	만점왕 연산	과학적 연산 방법을 통한 계산력 훈련	——○——	예비 초~초6
	만점왕 수학 플러스	교과서 중심 기본 + 응용 문제	———○—	초1~6
	만점왕 수학 고난도	상위권을 위한 고난도 수학 문제	————○	초4~6
사회	매일 쉬운 스토리 한국사	하루 한 주제를 쉽게 이야기로 배우는 한국사	———○—	초3~6
	스토리 한국사	고학년 사회 학습 및 한국사능력검정시험 입문서	———○—	초3~6
	多담은 한국사 연표	한국사 흐름을 익히기 쉬운 세로형 연표	——○——	초3~6
기타	창의체험 탐구생활	창의력을 키우는 창의체험활동·탐구	———○—	초1~6
	쉽게 배우는 초등 AI	초등 교과와 융합한 초등 인공지능 입문서	———○—	초1~6
전과목	기초학력 진단평가	3월 시행 기초학력 진단평가 대비서	○————	초2~중2
	중학 신입생 예비과정	중학교 적응력을 올려 주는 예비 중1 필수 학습서	————○	예비 중1

EBS와 함께하는 자기주도 학습 초등·중학 교재 로드맵

		예비 초등	1학년	2학년	3학년	4학년	5학년	6학년
전과목 기본서/평가			BEST **만점왕** 국어/수학/사회/과학 교과서 중심 초등 기본서			**만점왕 통합본** 학기별(8책) 바쁜 초등학생을 위한 국어·사회·과학 압축본		
				만점왕 단원평가 학기별(8책) BEST 한 권으로 학교 단원평가 대비				
			NEW **기초학력 진단평가** 초2~중2 초2부터 중2까지 기초학력 진단평가 대비					
국어	독해	**4주 완성 독해력** 1~6단계 단계별 학년별 교과서 연계 단기 독해 학습						
		독해가 OO을 만날 때 주제별 수학·사회·과학 주제별 국어 독해						
	문학							
	문법							
	어휘		**어휘가 독해다!** 초등 국어 어휘 입문 한글과 기초 단어로 시작하는 낱말 공부		**어휘가 독해다!** 초등 국어 어휘 기본 3, 4학년 교과서 필수 낱말 + 읽기 학습		**어휘가 독해다!** 초등 국어 어휘 실력 5, 6학년 교과서 필수 낱말 + 읽기 학습	
	쓰기	**참 쉬운 글쓰기** 1-따라 쓰는 글쓰기 맞춤법·받아쓰기로 시작하는 기초 글쓰기 연습			**참 쉬운 글쓰기** 2-문법에 맞는 글쓰기 / 3-목적에 맞는 글쓰기 초등학생에게 꼭 필요한 기초 글쓰기 연습			
	한자	**참 쉬운 급수 한자** 8급/7급Ⅱ/7급 한자능력검정시험 대비 급수별 학습						
	문해력	**어휘/쓰기/ERI 독해/배경지식/디지털독해가 문해력이다** 학기별 단계별 평생 살아가는 힘, 문해력을 키우는 학기별·단계별 종합 학습						
영어	독해	**EBS ELT 시리즈** · 권장 학년 : 유아~중1			**EBS랑 홈스쿨 초등 영독해** LEVEL 1~3 다양한 부가 자료가 있는 단계별 영독해 학습			
		EBS Big Cat **Collins BIG CAT** 다양한 스토리를 통한 영어 리딩 실력 향상			**EBS 기초 영독해** 중학 영어 내신 만점을 위한 첫 영독해			
	문법				**EBS랑 홈스쿨 초등 영문법** LEVEL 1~2 다양한 부가 자료가 있는 단계별 영문법 학습			
					EBS 기초 영문법 1~2 중학 영어 내신 만점을 위한 첫 영문법			
	어휘	EBS easy learning **easy learning**			EBS Big Cat **Shinoy and the Chaos Crew**			
	쓰기	저연령 학습자를 위한 기초 영어 프로그램			흥미롭고 몰입감 있는 스토리를 통한 풍부한 영어 독서			
	듣기							
수학	연산	**만점왕 연산** Pre1~2, 1~12단계 과학적 연산 방법을 통한 계산력 훈련						
	개념							
	응용		**만점왕 수학 플러스** 학기별(12책) 교과서 중심 기본 + 응용 문제					
	심화					**만점왕 수학 고난도** 학기별(6책) 상위권 학생을 위한 초등 고난도 문제집		
	특화							
사회	사회/역사				**초등학생을 위한 多담은 한국사 연표** 연표로 흐름을 잡는 한국사 학습			
					매일 쉬운 스토리 한국사 1~2 / **스토리 한국사** 1~2 하루 한 주제를 이야기로 배우는 한국사 / 고학년 사회 학습 입문서			
과학	과학							
기타	창체	**창의체험 탐구생활** 1~12권 창의력을 키우는 창의체험활동·탐구						
	AI	**쉽게 배우는 초등 AI** 1(1~2학년) 초등 교과와 융합한 초등 1-2학년 인공지능 입문서			**쉽게 배우는 초등 AI** 2(3~4학년) 초등 교과와 융합한 초등 3-4학년 인공지능 입문서		**쉽게 배우는 초등 AI** 3(5~6학년) 초등 교과와 융합한 초등 5-6학년 인공지능 입문서	